老闆別說我叛逆

職場青春期指南

班傑明・萊恩
Benjamin Liang

謹以此書獻給我的母親——胡對 女士

《老闆，別說我叛逆》推薦序

經緯智庫　許書揚董事長

作者梁錦泉先生，曾是一位基層工程師，現為企業董事長，同時也在大學教授心理學；他從不同的角度，融合心理學學術理論分析居上位者和下位者認知的差距，這是本書主要的特色之一，希望引用心理學的論點來有效解釋並解決一些企業常出現的領導統御問題。

看完了這本書讓我想起一件真實案例。曾有位學經歷背景皆非常傑出的年輕人應徵某知名外商公司，面試的過程進行相當順利，但之後卻發生了一件很令人匪夷所思的事。那位年輕人很「熱心」的把面試過程，包含他與主管間的對話全部公佈於部落格上，供網友觀看，經過不斷轉載下，居然被當初面試他的主管看到，並且主管對這件事相當不悅，想當然爾，這位年輕的朋友因此而被淘汰！

我相信多數的年輕朋友聽到這故事，一定覺得那位主管太小題大作，畢竟只是分享經驗而已；但相對的，大多數主管聽到這件事，普遍覺得該名應徵者缺乏

businesss sense，將面試中的對話公諸於世是思慮行動不夠審慎的行為！

為什麼主管和下屬的想法會差這麼多呢？

如同作者所說的，主管對下屬的不理解及員工對企業的不認同，將加深企業內部管理的困難度。而類似上述的案例也層出不窮，這所謂的「職場灰色地帶」，沒有標準答案，但卻有可能影響到雙方的觀感，甚至產生摩擦或衝突。因此，作者於書中特別定義當工作者出現類似叛逆的現象為「職場青春期」，並靈活運用心理學的論點來分析主管和員工間的想法，以試圖拉近兩者的距離。

如何邁出正確的第一步？

至於要如何拉近兩者間的距離？作者分別針對主管和下屬來做探討，其中最重要的為互相尊重，如作者所強調的，尊重你的員工，並且要讓他們知道，你之所以尊重他們是因為他們的潛力、熱情，就像當年的你一樣，但這必須建立在員工也對自己尊重的前提下。

而我本身在日常工作中也不斷提醒自己，對同仁除了尊重、傾聽、溝通外，也常建議各部門主管採取走動式的管理，貼近與員工間的關係，適時詢問員工是否遇到困難需要幫忙等，建立互信互助的關係，若公司上下同仁沒有一條心，又怎能創造更大的價值呢？

因此，若你還對主管極度不滿，或你對員工的行為感到不解，相信這本書一定能為您解惑。

《老闆，別說我叛逆》推薦序

香港中文大學管理學系　黃熾森教授

梁錦泉同學是資深的企業家和主管，我很榮幸在香港中文大學與台灣兩所大學合作的ＥＭＢＡ班上，與他算是有「師生」的關係，其實，在ＥＭＢＡ裡很難說誰是老師、誰是學生，雖然老師能帶來更具系統性的學術分析，但學生卻有不一樣的經歷，因此往往能有不同的和獨到的見解，教學相長是我在梁錦泉和他的同學一起時很真實的體驗。梁同學這本書嘗試討論一個困擾許多企業經營者和管理人員的課題：新一代的員工到底發生了甚麼事，為什麼這樣難管？

有別於主流想法只集中對新一代員工缺點的批評，梁同學沒有把員工看成是靜態和不會改變的，而是把職場的員工比喻為會不斷成長的人，新一代員工其實就是處於青少年期，他們有許多盲點和不足，但絕不是一無是處和無可救藥。相反地，正如人生必曾經歷的不同階段一樣，他們和企業都需要對這一階段有正確的認知，雙方努力付出，便終能使員工成長，為雙方都帶來益處。

個人認為，本書其中一個重要的貢獻是很踏實及具體地說明了處於職場青少年期員工的困惑、心態和期望，及企業經營者和管理人員應如何正確地面對和處理這些員工的態度和行為。這些都是切實可行的建議，梁同學根據自己豐富的實務例子，結合管理和心理學的理論把這些建議的原由逐一加以說明，無論是對企業經營者、管理人員和新一代員工都應該有很大的助益。

不過，在細讀此書和應用它提出的建議時，請緊記它提出的一個中心思想，那就是以平和的心境面對員工的態度和行為，對職場的年青人而言，則是平和地面對企業、主管和工作的要求。唯有在平和的心境中，我們才能了解和體會對方的難處和善意。「一念天堂、一念地獄」，原來對勞資雙方的成長也是很合適的形容。這是我個人看此書時很大的感觸，不知你的體會又會是甚麼呢？

《老闆，別說我叛逆》推薦序

玄奘大學組織心理系　高旭繁教授

班傑，我喜歡這樣稱呼他，因為他的形象總讓我聯想到有位帥氣的通告藝人人，也叫班傑。班傑有很多身份，他是老闆、他是創業家、他是竹科新貴、他是補教名師、他是企業顧問。與他相識卻是在最最最不可能的情況下——他是學生。已經擁有雙ＭＢＡ學位的他，居然來到我任職的學校修習碩士在職專班學位。一個董事長來當學生，我們戒慎恐懼，將他奉為上賓。所幸班傑非常謙沖有禮，一點都沒有架子，好相處得很。經過了比較長時間的相處，再加上拜讀這本「老闆，別說我叛逆」之後，我想我明白班傑這樣不辭艱辛來進修的用意了。他是來偷心理學知識的。

身為一個從大學到博士一路都唸心理學的忠實心理學迷的我來說，對於有人來偷心理學的知識這件事，我是非常開心的。班傑也不只一次跟我聊到，管理學的知識已無法幫他解決實務上可能遇到的問題，而心理學，是個寶庫。我個人一直致力於推廣心理學，因為她有趣且有用，真高興能有班傑這樣比我有影響力的同好。

《老闆，別說我叛逆》一書運用了一個相當有趣的比喻：迷惘、失去熱情、或難以教化的員工，就彷彿人人都會經歷的叛逆青春期。身為企業家，班傑相當關心員工的生涯規劃及成長。可他總不明白試了許多方法也不能讓有些員工重拾熱情、看到工作的意義與價值。在心理學中，他找到答案了：員工在生涯歷程中的種種過程，就像人類發展的縮影一樣，從牙牙學語到學步到自以為是神而後能謙卑，都是必經的階段；因此，老闆需要如父母一樣有耐心的陪伴與引導。很多企業家會將公司比喻為家庭，將自己比喻為員工的父母，但真的願意像陪子女一樣陪著員工成長的老闆，恐怕並不多見。「老闆，別說我叛逆」與其說是教了企業主管應該如何對待員工，毋寧說是教了企業應該有這樣的社會責任與道德勇氣，不是汲汲營營於獲利（養孩子的時候你絕不會算計著投資在他身上的有多少回報），而是真心的關照著員工的福祉。這正是美國心理學家Douglas McGregor於一九六〇年代提出之X理論與Y理論（Theory X and Theory Y）中Y理論的精神，可惜知道的多，能做到的卻少之又少。

《老闆，別說我叛逆》一書的內容，可以是從員工的角度告訴老闆：「我的行為是有其原因的。」也可以是從老闆的角度來告訴員工：「孩子，我會陪你成長。」（改成這樣的書名的話，應該有很多員工感動到痛哭流涕吧！）可以是讓員工自己反省：原來我幼稚、無禮的像個小孩；也可以是讓老闆反省：原來我不夠包容有耐心。書中引用了許多心理學家的理論，像是心理分析論、學習論、態度理論等來說明這樣的道理。也介紹了許多概念來幫助老闆與員工達到雙贏的局面，包括同理心、傾聽、歸因偏誤等，其中同理心，特別強調要學習站在別人的立場思考事情，讀者若能明白箇中道理並能實踐，相信會受用良多。

班傑交友廣闊，在本書中，許多親朋好友都被出賣了。可也正是這些實例，讓本書更為生動活潑。班傑也涉獵了許多不同領域的書籍，許多舉例到位的小故事充分達到畫龍點睛之效，讓讀者能更容易理解艱深的學理。我再次強調心理學是有趣且有用的知識，以心理學為基調的本書，也同樣有趣且實用。

相當榮幸能為本書作序，末了，我以本書的引言及結語加以改編，期許讀者既入寶山，豈能空手而回。

Bryan對著Eric說：「Eric，你知道嗎？人生除了工作還有很多事值得追求。」

Eric不急不徐的說：「Bryan，你知道嗎？人生除了很多其他，還有工作值得追求。」

我說：「人生有很多事值得追求，重點是，你知道自己想追求或在追求甚麼嗎？我想，班傑知道，希望你也能。」

二〇一二年八月廿四於　風城

自序

我的寫作動機始於兩年前，當時我正面對與老化抗爭的父親，和躺在病床上的母親。面對我父親逐漸失去記憶，也漸漸感受到他因失能產生的憂鬱，為了協助他對抗憂鬱的感覺襲擊，我利用了發生在我周圍的案例與他分享，並且希望他以曾經身為一家公司負責人的身分，找回他以往的掌控感，以對抗無助。我的母親則是在一旁津津有味的聽著，不時插嘴，要我身為老闆，對員工要慈愛，要有更大的胸襟接納各式各樣的員工。

在我的生涯，從基層開始，然後一路升遷到高階主管，共歷經二十年，冷冷熱熱我都經歷。雖然有成功的帶人經驗讓我因成長而竊喜，但失敗的經驗可能更多。在職場上我沒有幾次真正害怕與憂慮的經驗，但我卻一直記得剛升為總經理那一天的恐懼。那一場對員工的演講，讓我記憶深刻。在我發言的字字句句裡，夾雜著「必須、責任、肯定、擔心與害怕」的複雜感覺。套用心理學的說法，當時的我正面臨了應該我（ought self）、理想我（ideal self）與真實自我（real self）的三方衝突。為了降低這個憂鬱與焦慮的感受，我從設法縮小三個我的差距開始，但很快我便發現了，上上下下的情緒波動帶來我更多的困擾，所以我接受了卡爾・羅傑斯（Carl Rogers）的觀念，先找回真實的自己，坦然面對與外在變化與要求的鴻溝。意外的發現，這個過程造就了我學會了協助員工找回自己在職場的價值，也開啟了企業教練的角色。這個過程，我相信許多企業領導人不會陌生，我們曾經會被客戶砍單、債主收傘的惡夢驚醒，也曾為輝煌的業績與讚美迷失了自己，但我希望所有企業領導人與為人主管者，都不要忘記被拔擢的那一天的心情與自白，因為那正是解決職場世代問題的關鍵——一個願意傾聽、協助與同理客戶與員工的純樸動機。

這本書並不只針對職場新鮮人所寫，雖然它的書名談職場青春期，但它也很適合在職場工作多年的老手、主管與經理人。叛逆的現象與其說是橫跨在企業世代間的鴻溝，不如說那是職場人格發展與能力發展的一部分。所以本書採用的觀點與編排順序與一般的人力資源著作不同，我不打算從刻板的人力資源觀點開始談，如：資源配置、工作設計、工作說明、招募、甄選、訓練、考核、生涯規劃一路展開；而是從人的觀點，透過在工作階段的發展任務而展開眼界與心胸；及在一個組織企業裡，人是如何知覺與建構其個人化的組織系統。這樣的方向，造就這本書的四個特色：

一、主管必須要有更多對員工的同理關懷，員工也必須對主管與企業有更不同的同理接納。

二、在傳統的企業管理知識外，必須結合心理領域的知識才能理解員工與主管面臨的困境與提出有效的建議。

三、必須使企業管理的真實面與知識面兩者間的落差縮小，實務的晤談經驗正得以滿足這個缺口。

四、必須將傳統企業管理經營的隱性知識與學術的顯性知識相互映襯。

所以本書將把實務個案、管理科學與社會心理學三大領域相結合、交互分析與使用，方便讀者以情境探索知識，並且不失去人的尊重與關懷，讓這本書在操作上與學理上都具有較高的價值。

這本書的標題，希望閱讀者不要單純的從人力資源管理的角度開始研讀，它涉及了更多的內容，包含了企業經營的目的與洞見，並從員工的位置仰望企業的運作，也談到領導人必須要有的態度與胸襟，接納員工的新挑戰。對經理人而言，管理人才、培育人才一直是佔據經理人大量的時間，但為何結局常常不盡人意？所以我也導入了處理人際關係的認知行為諮商及焦點諮商的工具，提供聰明的經理人有更多的方法依靠與工具的使用，進而有效的處理與員工的關係，帶來雙贏的結果。

不論你是熟悉管理知識或是心理知識的讀者，對於書中引用的跨領域知識，我盡量在不讓文章冗長的前提下，將其原理與出處註明在每頁的內側，讓讀者快速參考，並減少查閱的麻煩。另外書中的個案幾乎都是由真實案例改編而來，有部分是發生在我的經驗，此部分我盡可能取得當事人同意，或盡可能將人名、公司名稱與場景予以改編；而另一部分則是發生在其他公司，透過第三人而了解。這些案例讀起來，你一定都有似曾相識的感覺，甚至於對號入座、會心一笑，但是我也必須提醒讀者，關鍵常常不在主角與公司，而是那種場景與事件背後的因素，勾起你曾經經歷過的類似事件外，應該也會觸動你更深層、至今未消退的情緒。

最後，這本書的問世，我必須先感謝為本書提供實證的個案主角們，沒有他們，我們無法清楚洞析我們的知覺與認知如何在職場中運作。也要感謝我的好友兼同事Ann與Julia，她們為本書提供許多建議與義務幫我校稿。至於我的家人，我也很抱歉把你們的真實衝突案例揭露，所以我欠你們一餐豐盛的晚餐。最後，我要感謝我的母親，當我在她臨終前幾天，守在病榻前，她告訴我：「別對你處理不好的經驗難過，只要能幫助更多的人，就把它寫下來。」所以我不擔心的將我的失敗經驗完全揭露，只希望讀者能從中受益，在組織中建立更親密的連結與同理心。

CONTENTS・目錄

Chapter 3 與企業共舞

Chapter 4 你也青春期了嗎？

CONTENTS・目錄

Chapter 1 無知的責任

Bryan提出辭呈，他的老闆Eric詢問他的離職原因。因為Bryan從學生時期就一直有一個遊學的夢想，因此在Eric公司任職了一年後，存夠了錢，他決定離開公司，雖然Eric希望他再幫一陣子，但一臉激動的Bryan對著Eric說：「Eric，你知道嗎？人生除了工作還有很多事值得追求。」

【To Be Continued】

誰的責任

二〇〇八年美國，九月十五日星期一，勞工節休完假沒幾天，紐約的清晨像往常一樣蒙上一層層的薄霧。陽光吸收了霧氣，又是一週的開始。十點一刻，雷曼兄弟（Lehman Brothers Holdings Inc）無預警宣佈申請破產保護，這突如其來的警鐘，宣告全球經濟的危機來臨。該企業的破產，引發了接踵而來的金融危機，全球受影響的人數不計其數，在事件發生的一個星期，全球股市市值總共蒸發了七兆美元。六個月後失業人口高達三千萬人，我們更無法估計，因為該事件而選擇自殺喪命的人數到底有多少。（過了許多年，美國自殺學協會才統計出，一九三二年美國經濟大蕭條的翌年一九三三年，美國的失業率高達接近百分之二十五，自殺率亦登上高峰，每十萬人便有十七點四人輕生。[1]）

事件的發生可以推回更早更早的華爾街。約翰・戴爾金（John J.Delokyne）出生於美國芝加哥的工人家庭，他的父母是虔誠的天主教徒，不過約翰並不太理會宗教可以帶給人性的指引與洗滌，他瞧不起當藍領的生活，這可能跟他與父親不佳的

[1] 世界報刊文萃，8th Jan. 2009，http://www.zaobao.com/special/newspapers/2009/01/hongkong090108.shtml。

關係看出端倪。他的表哥是一位證券公司經理，他羨慕表哥的生活，可以在冷氣房裡，輕鬆地從股市賺上大把鈔票。他高中畢業後以優秀的成績進入了華盛頓商學院，也以優異的成績畢業，透過教授的介紹下，才二十五歲就進入了華爾街的BNC Mortage[2]，開始他的金童歲月。

在BNC的頭一年，他的工作就是不停的包裝各式各樣的衍生性金融商品，並讓中間持有人的風險降至最低，當然並不包括整體的系統性風險，誠如面試他的BNC副總說的：「系統性風險現在不是我們的考量，未來也不會是，那是政府的工作。」「我們需要的是一個敢挑戰全球金融市場，具有創意、熱情的工作狂，當然我沒提會有許多你想都想不到的誘因。」第一年約翰的工作是在週五午夜前完成一個創新、匯率公式複雜到沒人理解的金融投資工具，以簡單的派圖、柱狀圖表達成的投影片，讓他的經理（只比約翰長一歲）可以在週一審閱，準時在週二的上午對其他金融機構進行遊說與推薦。

兩年後，他已經升任為經理，帶領三位名校畢業的MBA持續包裝與推廣金融商品，只是他的商品變成債權的證券化，尤其是鎖定那些沒銀行注意、也沒有銀

[2] BNC Mortage是雷曼兄弟旗下一家專門承做次級房貸的機構，在BNC宣佈破產的前一個月，這家次級房貸機構承做的次級房貸超過一百四十億美元，這個金額是母公司雷曼兄弟當時市值的近六倍。

行敢任意貸款的次級房貸，但是約翰告訴他的部屬，這將實現美國人人有房屋的美夢。據約翰的講法，在他進入ＢＮＣ工作時，就已經有「天才」包裝了次級房貸的證券化（一種ＣＯＤ），經過幾年的觀察，風險係數愈來愈低，包裝的連動層數也愈來愈多，進一步以投資組合的方式再度下調風險，成為一個新的完美商品。

他在ＢＮＣ工作三年就住進了曼哈頓週租兩千美金的高級公寓，工作下班最常想去的地方就是高級酒廊，除了喝醉，他還真的找不到甚麼事做，他的薪資一直沒什麼調整，但是獎金卻愈來愈高，獎金主要來自於商品賣出後的差價，而債券市場的投資人則因為買了這類商品，可以收到利息，怪異的是，表面上沒有任何人要付出多餘的錢，但是大家都賺錢，值得一提的是他之所以可以升任得這麼快，並不是約翰的推銷長才，而是他的前輩幾乎全都在三十歲以前退休、投入其他行業或自任代操經理人，一來積蓄已經夠多了，二來上面的高層是不可能再被撼動的，所以每年到名校招考ＭＢＡ的人才，變成了華爾街的年度大戲。

誰負責

把時間快轉到二〇一〇年十月，十五歲的英國少女麗貝卡．艾爾沃德（Rebecca Aylward），是一位金髮，有著迷人眼睛的天真少女。在二十九日當天，當她滿心歡喜地化好粧、換上新衣，出門與十六歲的前男友喬舒亞．戴維斯（Joshua Davies）見面，因為她們兩人才在前一陣子因為小事吵架分手，這一次喬舒亞主動邀請她見面，她滿心地期待能夠破鏡重圓。

貝麗卡告訴媽媽思麗亞（Sonia Oatley），前男友喬舒亞要約她見面。思麗亞也非常喜歡喬舒亞，因為她喜歡他有禮貌的應對，所以當麗貝卡告訴她的時候，她也很替她高興。據思麗亞回憶：「十二日早晨六點鐘，麗貝卡就起床為約會做準備，她在梳妝檯前打扮了幾個小時，把自己打扮得漂漂亮亮，她為了見喬舒亞還特地買了一條新裙子。」

因為已經有一陣子沒有見面，她們兩人先在速食店裡訴說分手後的點點滴滴，很快的兩人又和好了，麗貝卡漸漸放下了心中的石頭，因為他仍然是她熟悉的喬舒亞。

餐後，喬舒亞主動的邀約麗貝卡到郊區散步。在看似彎曲沒有盡頭的小徑上，兩旁除了表面爬滿清苔又高聳的樹外，只有幾顆突出在小徑上的白石。喬舒亞沿路挑著他可以單手拿起的石頭，秤秤它的重量，一顆一顆的選著，麗貝卡則不時發出小小的笑聲看著彎腰的小情人。

在二〇一一年的七月二十七日，英國史旺司刑事法院日裁定，十六歲少年喬舒亞・戴維斯的謀殺罪名成立。喬舒亞・戴維斯被指控在二〇一〇年十月，以約會為由把麗貝卡・艾爾沃德騙至郊外樹林，然後手持石塊將她活活砸死。而他的殺人動機更是不可思議——只是為了打賭獲勝以贏取一頓免費早餐。

麗貝卡・艾爾沃德和喬舒亞・戴維斯都居住在威爾士小鎮的阿貝肯菲格（Aberkenfig, South Wales），他們二〇〇七年相識，在二〇〇九年底開始交往，可是這段戀愛關係維持的時間十分短暫，交往三個月後女方就提出了分手。被甩之後的喬舒亞，心情十分不爽，他開始四處造謠、破壞麗貝卡的名聲。他說麗貝卡曾經墮過胎，甚至試圖利用懷孕來挽留自己。此外，喬舒亞還在社交網站臉書（Facebook）以及即時通訊軟體ＭＳＮ上放話，揚言要殺死前女友。

某天，喬舒亞在臉書網上和朋友聊天，談到了「殺死前女友」這個話題，也留下了謀殺的動機記錄。

喬舒亞：「如果我真的殺死了麗貝卡，你要怎麼做？」

朋友：「那咱們打個賭，你如果敢殺死她，我就請你吃一頓早餐。」行兇時，為了證明自己不在現場，喬舒亞還在臉書上故意留言：「我正和朋友在家看球賽。」在麗貝卡死後，喬舒亞毫無悔意，他快速地跑回城裏、邀請一位朋友來欣賞自己的「成果」。

喬舒亞的朋友良心不安，他馬上把自己看見的血腥畫面告訴了父母，並向警方報案。喬舒亞・戴維斯在隨後被警方逮捕時，還滿不在乎地說：

「我只是想要打贏這個賭。」

誰的公平

這兩個發生在我們真實世界的事件，完全沒有任何的關連性。我之所以把它們放在一起討論是因為它們都存在一個現實的問題——誰該為這件事負責。

在雷曼兄弟連動債神話崩潰的一個禮拜後，遠在地球另一端，台灣有一對母子，因為母親把畢生積蓄全買了連動債，她在承受不了周圍壓力與自責下，帶著她的小孩從高樓一躍而下，結束她與小孩的生命。她要控訴的未必是連動債殺人，可能是她與家人的多年美夢破滅了。這樣的故事，在全球角落陸續的發生，約翰知道嗎？

要問誰「應該」負責之前，不如先來問一問，有人「可以」負責嗎？是不到三十歲的約翰・戴爾金，還是十六歲的喬舒亞・戴維斯？他們可以負責嗎？他們真的知道他們行為的嚴重性？他們的動機真的只是為了錢與一頓早餐？

在我撰寫這本書的同時，英國倫敦正發生前所未有的動亂，從首都倫敦，到利物浦，到伯明罕，只有在二次戰爭期間被轟炸過後可見的景象，硝煙又再度在英國點燃，只是這回兇手不再是德國佬，而是年齡在十二到十八歲的英國年輕人。

引述CNN記者的一段話：

這個事件顯然不同於茉莉花革命，至少茉莉花革命還有爭取的議題與主要訴求。看著面帶笑容的年輕人，砸車、搶奪球鞋、燒毀店面，他們不窮也不缺，他們有許多人使用黑莓機。我們無法理解倫敦暴動，為何發生在一個民主成熟的國家。這些將留給社會學家去研究與理解，他們到底怎麼了？

讓我們先跳脫這些巨大負面情緒的事件，看一看另一個真實的故事。它的結果沒有影響那麼多人，也沒有那麼驚世駭俗，不過卻是突顯了一些相同的因素。事件發生在台灣的科學工業園區，該區是台灣科技產業發展的重要據點，其一年的產值就佔全台灣的百分之五十。GC Co.是一家晶片設計公司，該公司的負責人Tayer與主要的核心幹部都是從美國矽谷歸國的華人，Hsai也是成員之一，他與Tayer在美國舊金山就認識，並且常常相聚於矽谷的華人餐廳，因而熟絡。

他們一群朋友十四位由Hsai帶頭回到他們的國家尋找創業的資金。在二〇〇一年他們成功的募集了五百萬美金，在新竹科學園區成立了台灣第一家開發與銷售MP3的解碼積體電路公司GC Co.。在一年過後，公司成員成長到二十五位，幾乎都是研發人員。Hsai非常清楚美國矽谷模式，GC Co.的價值就是在技術一開發完成後，再以優渥的價格賣掉，這也是他再度創業的目的。不過這樣的想法他不曾與全部GC的員工討論，GC的員工除了從美國搬遷回台灣的人外，也有不少人是在台灣招募的人。因為是台灣第一家開發MP3技術的公司，它的知名度在晶片開發公司間很快的傳開，雖然大家仍然疑慮MP3的版權問題，會導致技術無法普及及音樂內容無法取得的風險，但他們很多人仍然將GC的未上市股票的價格炒作得非常的高。

Tayer身為GC Co.的研發副總，掌管了技術的主要開發，他因為一直無法適應美國的生活，所以他投入GC後，便賣掉所有在美國的房產，轉而在台灣購買房地產。他嘔心瀝血為MP3的技術開發不留餘力，也一再勉勵他的工程師，離成功的距離愈來愈近，直到那一天的來臨。

DA公司是台灣一家上市公司，也是一家積體電路設計公司，它們一直在IT周邊產業發展的不錯，也達成年營業額一億美金的門檻。隨著多媒體應用的盛行，DA公司看上了GC Co.的MP3技術，它主動找上了Hsai，提出誘人的併購條件，併購內容除了智慧財產權外，當然包括了整個研發團隊。這與Hsai的原先規劃完全穩合，看這成立未兩年的公司就可以以當初投資額四倍的價格回收，他相信在矽谷的操作方式完全可以在台灣複製。

十月的某一天，新竹仍然是高達攝氏三十五度的溫度，在只有冷氣嗡嗡作響的GC辦公室裡，Tayer與Hsai正因為出售公司一事陷入衝突，在一片死寂的詭異情境裡，對Tayer而言，他與他的團隊並不想出售公司，他們認為這是他們的公司，產品就快要開發出來了，將可以自己到市場上銷售；他們無法接受變成別家公司的某個事業處，甚至是一個小部門。當初同床異夢的Hsai與Tayer，終於還是得面對這個雙方的差異與歧見。

當天晚上，Tayer在ＧＣ成立以來，第一次在下班時準時回到家，他一直無法入睡，他又生氣又憤怒，對Hsai的行為無法釋懷。他覺得一切都是Hsai騙了他，從舊金山到新竹，他一直是Hsai的一顆棋子而已。他回想白天Hsai面對他表達不願意的態度時，提出的提議，願意先以四倍價格買回他全部的股票，再由他自己投入ＤＡ公司一事。但他覺得Hsai一定會再賺一手，也一定想先孤立他、分化他、再把他趕出ＧＣ。

隔天，Tayer決定要反擊，他說服了他的部屬，負責GC Co. MIS（Manager of Information System）的Lin，私自進入Hsai的電腦，下載所有對外往來的E-mail，他們也潛入了ＧＣ公司人力資源經理Sherry的電腦，把所有員工的資料、薪資與持有股數全部下載，當然他們不會遺漏GC Co.最值錢的ＭＰ３的智慧產財產權。

從這些資料中，Tayer發現了Hsai在分配ＧＣ公司成立的無償技術股時，並不公平，也可能有違反規定的嫌疑。他也發現了Hsai在一年前就以原始價格的二點五倍急著收購欲出脫的小股東的股票。他決定要讓全公司都知道這些事實，也要破壞整個收購案。他先找上了ＤＡ企業的董事長David，告訴他Hsai的「惡行」，與他們不願意被併購的意願。但是David告訴他，整個事件他看不出Hsai那裡有做錯，甚至有違法，因為Hsai收購小股東的股票在前，ＤＡ企業宣佈併購在後。至於他的立場，David

也清楚的告訴他，他的意願他予以尊重，但還是要依GC股東會的決議來決定。

但是私底下David知道事情不單純，他擔心買到的GC只是一個空殼，並且智慧財產權可能已經被竊取了，他主動通知了Hsai。Hsai終於決定要處理Tayer的脫序行為。

二〇〇三年九月台灣的地檢處正式以違反營業秘密及非法取得電腦資料等罪起訴了Tayer與Lin。Tayer並被限制出境，即使他的母親獨自一人在美國生病，他也無法回美國探視。最糟糕的是他們兩人當時都未滿三十五歲，卻提早斷送了接下來的求職機會，因為沒有任何一家科技公司敢錄用他們。

這是一個真實的案例，我用了匿名的方式呈現，我也盡量忠於當時的事實，因為Tayer與Hsai都是我的朋友。是什麼原因造成一位優秀的歸國工程師做出明顯違法的事，是他的正義感、是他的實事求是，還是他的不甘心？不論他的動機是什麼，他的行為卻已經傷害了許多人，誠如他在被起訴後告訴我的：

「難道追求真相有錯嗎？」

「公司的成果都是我一個人的貢獻，為什麼別人股票可以比我多。」

「要是沒有我的努力，將技術克服，會有人想買GC嗎？但是我卻沒有第一個被告知。」

誰澆熄熱情

薪資、工作內容、上司、企業文化、企業成長性與產業等等，常常是新進入職場的新鮮人一開始選擇工作的因素。不過我們卻常常看到許多的新鮮人，在短短的幾年間，因工作激情點燃的學習之火，迅速被澆熄，而罪魁禍首卻可能是同事、上司、客戶、或是因為自我發現，當然也常常包含你的朋友、愛人，與家人。更激烈者，還可能點燃另一種不理性之火，燃燒企業自以為穩固的文化與價值。如同一個充滿自豪的民主發源地——英國，卻在一夕之間，被一大群年輕人燒出一堆問號，那麼令人難過、讓人寒心，我們不禁要問：「年輕人，你怎麼了？」為什麼這些本來他們在乎的、遵守的、內化的與捍衛的價值，可以輕易隨著時間、環境而改變；甚至於態度上可以從積極、樂觀與滿腔熱情，演變成對企業的失望、冷漠，與事不關己。

沒有一家企業的人力資源主管會反對，員工在每一階段、每一時期，都會因不同成長的需求，而在意不同的工作因素（包括內部與外部）。而這正也是促使他們進行下一階段生涯規劃的重要動機，協助他們伴隨成長，渡過階段轉換。但是在以往這個良性的動機，曾幾何時全都失控了。以往我們相信這些動機都與薪資獎酬、學習意願、更大的責任承擔，與職務升遷之間，存在著強烈的正相關。但是現在企業與個人都面臨了一系列的挑戰，有太多的原因轉變了這種動機，包括近年來的M型社會價值觀形成、產業的劇變、全球化引起的景氣連動、競爭加劇引起的企業動盪、標榜創意娛樂的企業市值飆新高，與產業造神運動的興起。

不過，在這麼多因素中，還有很多的內在因素，值得我們往更根本的方向去挖掘。例如個人對工作的認知與實際之間產生的落差，我們可以稱這是一種知識落差。這個知識落差還建立在一個浮動的基礎上，企業的現實樣貌已經開始隨時間與環境迅速改變，例如，二十年前沒有人會相信交朋友形成的社交網路可以有商機。而個人對這個知識落差，也將不再與過去一樣，以為只要多一點點的努力、多一點點的耐心，只要誠實、只要能力好，就可以彌平這個落差。事實上，這個落差一直在擴大，也一直在變動。這正也是我在這本書想提出的觀點，並企圖透過這本書協助大家將它縮小。因為不論景氣、價值、家庭、英雄主義如何牽引我們尋求不同的工作取向，沒有多少人可以否認，在我們的黃金歲月中，工作佔了我們大部分的人生，這個落差愈大，人的內心就愈失落。要解決這個問題，企業必須要能主動協助你的員工，而身為主管更需要透過同理心的學習，拉你的員工一把，希望本書可以是一個好的開始。

叛逆

在我多年的管理與輔導企業的過程中，我一直隱隱察覺到有一種類似又陌生的感覺縈繞在心頭，不論來自企業主管對一些員工的抱怨與不理解，或是來自基層工作者對企業的懷疑與不認同。這種奇怪的對立，已經到了我們無法輕忽它的時候了，我建議各位切莫認為這是正常且必然的現象，而用一句簡單的「草莓族」帶過。

在強調執行力的今天，企業想要降低「目標與執行之間落差」的企圖心，會因為這個加劇的對立，愈來愈困難。最近幾年，我開始思考並嘗試找出這個現象，透過觀察與訪談，我慢慢地釐清結果、找出引發對立的原因，更重要的是如何鼓勵雙方透過學習，能學會重新看待這件事。

有趣的是，這個對立現象非常近似於個人在人格發展階段的青春期；而新的洞見則是為何它會發生在人格已經成熟的員工身上？又為何它的場景會發生在企業內部？在真實的工作生涯中，如果你還記得，有非常多的工作者，在職場的某一階段，會顯得特別敏感、特別脆弱、特別需要被肯定、也特別不穩定，短暫出現低自尊、低成就的現象，甚至假借利他之名，大肆公開主張與企業價值完全對立的價值觀。這樣的行為極其類似父母口中青少年的叛逆行為。我把這種觀察到的現象稱它為職場青春期（Career Adolescense）。

這樣的類比適合嗎？我們可以從幾個論點來說明這樣的類化有一些道理，當然也有一些局限。首先來看一看，知名人力資源作家泰普史考特（Don Tapscott）在其《N世代衝撞》（*Growing Up Digital: The Rise of the Net Generation*）一書中提到：

> 聽到許多年紀比較大的雇主抱怨：N世代缺乏團隊合作精神、工作動機和工作倫理。他們指責年輕員工缺乏禮貌又不守時。有些雇主抱怨，N世代人對於升遷懷抱不切實際的期望。雇主似乎不認為這些網路世代人適合進入他們的企業世界。
>
> 佛羅里達州立大學商學院的管理學教授韋恩・霍奇華特（Wayne Hochwarter）二〇〇八年對學校四百名商學院學生作的調查發現，絕大多數的學生都想在五年內有所成，而且不想從基層慢慢往上爬。加拿大有一項調查，針對十八到三十四歲的員工，發現平均二十七歲的人已經做過五個全職工作（不計暑期打工）[3]。

[3] 唐・泰普史考特（Don Tapscott）著，羅耀宗等譯，《N世代衝撞》，二〇〇九年七月，麥格爾・希爾出版，頁二四〇。

這個所謂N世代工作者指的是在網路普及後，習慣於網路與實體，雙重生活切換自如的工作者。其實從X世代、Y世代、到N世代，都有許多的專家與學者研究並出書立論探討一些「異於以往」或「與自身相同」的現象。有趣的是，在這些所謂不同的世代，其在職場上所產生的行為，本質上卻極為相似，也幾乎如出一轍，只是變動的頻率更高、要求更多、行事風格更大膽。考慮個人人格發展的時空背景，把環境與人的心智發展予以相關性的解釋，是一種人類向來的習慣，這種習慣可能與我們人類的分類捷思（Heuristics）有關。這是一種看似合理的單向解釋，雖然我們知道因捷思產生的偏見（Bias）常常會給我們帶來一些麻煩。所以，網路真的巨幅改變了我們在職場認知與行為嗎？這些解釋似乎遺漏了重要的對照組來證明網路確實改變了這些人的人格發展。

發生在北非突尼西亞的茉莉花革命（Tunisian revolution），與發生在英國的青少年暴動，看來似乎是完全不同的兩件事，至少在各自的社會發展背景，兩者絕對是不相同的；但是在我看來，這些被視為脫序的行為，反應出的青少年動機與價值觀，卻是極其相似的。我並不懷疑在各種不同的社會文化、科技發展下，會對個人產生動機與行為的影響，就像心理學家班度拉（Albert Bandura）與維高斯基（Lev

Vygotsky）主張社會文化也能對個人產生一定的學習效果。[4]

事實上，在上面提到的職場行為我們不是只有在N世代才看到，從幾千幾百年前的歷史上，我們已經發現了太多人類在職場上產生異樣行為的普遍性與一致性。譬如中國諺語常見的：眼高手低、換了位置換了腦袋、官大學問大、新官上任三把火、一年換二十四個老闆等等。這些貼近的描述，說明幾個觀念，一是這些常常是某個階層對另一階層的單向描述，或者借用人格發展心理學家艾瑞克森（Erik Erikson）說的發展危機觀念，這是某一「完成某一發展階段的群體」對另一陷入發展危機的個人描述，他們以過來人的身分去看待那些發展中人的階段任務，與發展失敗可能產生的後果；[5]另外一個觀念則是，這些現象與時代，與社會，與科技沒太大關係，至少在大部分。我們可以將每日所須的養份，依時代不同而做成不同型態

4 行為的產生傳統有兩種看法，一種是認為行為是個人與環境所共同決定，通常可以B＝f（P，E）這個函數方程式來表示其間的關係。另一種看法是將個人與環境視為交互作用而影響行為，其間的關係可以用B＝f（P×E）這個函數來加以表示。知名心理學家班度拉則提出了以社會學習理論為基礎的交互決定論（reciprocal determinism），強調行為、個人與環境三者，是互相影響、彼此聯結的決定因素。

5 心理學家艾瑞克森（E.H.Erikson）受精神分析學派影響，認為佛洛依德提出的本我、自我與超我架構下的人格，自我扮演了重要角色在協調本我與超我的不一致，而這個角色是透過發展的方式而完成。所以他認為人在每個階段都存在有發展任務，如果發展失敗將產生退化與固著的影響。

的食物，但是其物質的本質不變。

相同的行為模式也不只有在員工身上發生，我們也可以發現，在我們初為職場新鮮人時，老闆報怨員工的行為與現在老闆的心態與行為模式也是極其相似的。這很可能表示，即使科技改變了我們的互動方式、左右了我們的價值取向，進化了我們的組織架構，但是確無法一時改變人與人之間因人格發展而產生的摩擦。

面對企業不喜歡的員工行為，像是「缺乏熱情」、「不負責任」、「不認同文化」、「無法跨部門合作」、「只想學不想做」、「只問薪資不問付出」等等指控。這些主管對其員工的負向行為所做的描述，我相信當中存在著很多的內部歸因（將錯誤指向因個人自身因素所引起，而不認為是外部因素影響了他）與觀察者偏見（Observer Bias）[6]，但是我更關心的是怎麼形成這些職場負向行為，並且具有重覆性；在特別情境下如何改變一個人當初進入一家企業的初衷與期待；我們也想探討企業在面對這樣的職場行為與階段，能做一點什麼來協助員工、矯正他們的行為

[6] 歸因理論是美國心理學家海德的社會認知理論和人際關係理論的基礎上，經過美國斯坦福大學教授羅斯和澳大利亞心理學家安德魯斯等人的推動而發展壯大起來的。說明和分析人們活動因果關係的理論，人們用它來解釋、控制和預測相關的環境，以及隨這種環境而出現的行為。一般我們傾向把別人的錯誤導向為個人因素所產生，稱為內部歸因；而把自己的錯誤導向為外部情境、壓力等因素所造成，稱為外部歸因。

並使他們安然度過不穩定期。就像許多偉大的父母，協助其孩子度過青春期一般，不離不棄，給予陪伴與機會，即使中間過程常常令人絕望。

在傳統的企業管理知識，似乎無法有效解釋與解決這樣的問題；不過心理學倒提供了一條不錯的道路。所以本書將引用許多的心理學知識來提出建議。在第三章我將從職場青春期員工的角度，來仰看企業內部一些他們認識不清的組織行為，幫助他們提升視野與高度，重新認識企業。第四章描述職場青春期的員工普遍發生的行為，可以讓主管稍稍理解你的員工的異常行為。第五章與第六章則是本書的重點，它強調知行合一，建議不論職場新鮮人、為人主管者，或是立志成為主管的人，務必兩章都要讀，因為解決問題的關鍵不是依據原來的認知，而是要能同理彼此，才能建立新的認知，達成目的。本書中引用了不少個案，這些個案幾乎都是真實案例，為了尊重當事人，我已經盡量匿其真名，只希望能有他山之石的效果。

在蘇菲教派（Sufism）有一個故事：在一個黑夜裡，有一個夜歸人在返家的路上遺失了鑰匙，他急忙回頭尋找。有人路過，問他在找什麼？他告訴路人他遺失了鑰匙。路人好奇的問：「你是在路燈下遺失的嗎？」

夜歸人：「我不知道，不過只有這裡有燈。」

Chapter 2 職場青春期

青春期

Lisa的母親Sophia規定她必須在晚上九點以前回到家，雖然她想要遵守約定，但熬不過朋友的慫恿，她比預定的時間晚了十五分鐘到家。於是母親與Lisa陷入一場叛逆期孩子典型的抗爭。

Sophia雙手交叉在胸前，不耐煩的對Lisa說：「妳為什麼這麼晚回來！妳難道不知道我們說好的時間嗎？」

「拜託！我已經很趕了好不好！我能回來已經不錯了！又沒要妳來接我，妳很奇怪！」Lisa看著天花板露出下眼白，以更不耐的口氣回答。

這個態度使她母親的情緒由擔心轉為憤怒，「甚麼很奇怪！注意妳說話的態度！妳這樣我要如何相信妳？」

「本來就是，我的同學家裡根本就沒有九點以前回到家這種蠢規定！」Lisa不干示弱的回應。

Lisa就像一般的十五歲少女，她的功課不壞，人緣也好，還是籃球隊的啦啦隊長。現在的她愈來愈在乎同學對她的看法，因此她開始想要在後頸上刺青，刺上最能代表她像蛇一樣的閃電，她想告訴大家那代表她對世界的看法。

Lisa的母親Sophia則是一位油畫的拍賣家，十八歲就奉女成婚，五年前她與先生離了婚，單身輔養Lisa，對她而言，她向來就不喜歡女兒一直往外跑，因為去年Lisa要求參加LA海邊的火人季，與她大吵一架，更加深了Sophia的不安。

Sophia再也按捺不住她又氣又怨的情緒，她覺得她必須要展現威嚴，她用更大的分貝說：「誰？妳告訴我！妳哪個同學家沒有門禁的規定？妳吃我的住我的，為什麼我要求妳九點以前回家不可以？」

「又來了！沒人讓妳生我呀！」

「妳到底要我說幾次，那是妳那個不負責任父親的問題。妳到底想怎麼樣！妳到底跟誰去那裡鬼混？」

Lisa的羞愧夾帶著怒氣一起湧出，令她生氣的是從小聽母親講不負責任的父親已經太多次了，為什麼總要把注意力放在我身上；更令她羞愧的是，為什麼我母親一直不肯相信我。她決定給她母親一個反擊：「奇怪！我想告訴妳，妳沒有其他朋友嗎？為什麼我要遵照妳的方式生活？難道晚十五分鐘我會被強暴還是被搶嗎？」

Sophia壓抑情緒冷冷的說：「我沒有辦法證明十五分鐘妳會不會遇到壞人，不過妳要考慮做父母的心情，誰不會擔心！更何況我們不是事先說好的嗎？」

熟悉嗎？身為父母的人應該都曾對這類似的情境與對話似曾相識。但問題的根本，可能不在Sophia在十八歲生了Lisa、不在同學的好壞、也不在吃與住是誰提供的、更不在那爭執的十五分鐘內發生慘案的機率。這是一個重覆發生在許多家庭的情境，但真正的問題卻沒法一語道破，更別談一窺究竟。這個青春期的問題困擾過或正困擾著許多的父母。讓我們把情境轉到另一個情景。

Jack是某公司研發替代役男，在服務前兩年，Jack表現算是正常，雖然並沒有引人注目的好表現，但也沒出過大紕漏。問題慢慢的浮現是在第三年，當Jack的役期快滿時。禁不起同學、學長的邀約，Jack才開始認真思考自己的工作價值與意義，他發現別人的公司比較好，有固定下午茶、有多的獎金又有比較多的學習機會，因此他推論他的公司對他不好。不平衡的心情使得Jack開始報怨同事，並採取不合作的態度，他也開始覺得不受上司重用，任何工作分配他都計算投資報酬率，然後開始推測自己在人力市場的身價。終於積累一年的不愉快，他在役期滿的前一個月，毅然決然提出辭呈，不論他的老闆如何說服他，甚至請他留下幫忙，都已經無法改變Jack離開的決定，因為他認為不管到哪裡去，只要不是這裡，一定都比較好。

Boss：「Jack你知道我們花多少投資與心血在你身上嗎？」

Jack：「我又不是沒做事。」

Boss：「你現在忽然提出辭呈，於私，我覺得你的實力根本還不夠；於公，我要如何在一個月找人來交接。」

Jack：「老闆，既然我的實力還不夠，那我的工作應該不難交接吧！」

Boss：「可是一個月太倉促了！」

Jack：「我給了你三年的時間去找人耶，你本來就應該要有風險意識的！」

Boss：「Jack你這樣講很不厚道！那我當初是不是應該雇用你三年，盡叫你做一些沒成長沒學習的工作，只因為你提的風險。」

問題真的在工作、交接與一個月嗎？還是更深層的風險管理與文化氛圍？我們在開始批判Jack或者他的老闆的不是前，請先想一想你的立場，決定後，你是否寫得出三點理性理由來支持你認為對的一方？如果你的立場是選擇第三與第四種，雙方都有錯與雙方都沒錯，那麼以第三種為例，你如何讓雙方在問題發生時，都能用好的態度去面對，並能期待對方有正確的第一步？如果是第四種，對沒錯的雙方，我們總也得面對結果，不論苦還是樂，這樣的結果我們都需要全然接受嗎？我們可以有其他選擇嗎？

包袱

法國社會心理學家勒龐（Gustave Le Bon）在其著作《烏合之眾》（*The Crowd: A Study of the Popular Mind*）中提到一個爭議性論點，他認為任何一群人在形成一個群體後，會有部份的共同特徵與少部分的獨有特徵，而共同特徵往往可以壓迫獨有特徵，使其平庸化。[1]其中共有特徵可能像是種族、語言、文化，甚至是受潛意識所趨使的本能，這些共同心理形成的共同特徵，若主導了群體的主要價值、動機與行為，將導致群體智力、能力，與判斷力的平庸化；而獨有特徵，則來自組成群體的個體差異。他認為要讓這些個體差異形成的特徵變成群體接受的共同特徵，進而影響它的認知，產生行動，其難度是非常高的。

如果我把勒龐的觀點放在家庭親子或企業的主從互動上，或許可以幫我們初步概括素描出衝突的不可避免性。把個人的特徵或是階段性的人格與價值發展視為個別性的、獨有性的特徵；而把家庭的價值與企業組織的價值視為共同的特徵，勒龐的觀點是否仍然具有有效性？這一點大部分是正確的。當然隨著群體愈大，個人化的獨有特徵，也就愈不容易被發現與被重視，甚至被強迫的漠視與阻止。但是在一個家庭中或者一間中小型企業，常因群體不夠大，個人的特殊性相對較容易被突顯與尊重。但是有一種情形在大型組織中是例外的，善於鼓動群眾的領袖、或具有領導魅力的主管，讓他個人的獨有特徵共同化，形成一個群眾特別的標示價值，常常是可行也被視為正常的，至少二次大戰希特勒證明了這個事實。

---

1 古斯塔夫・勒龐（Gustave Le Bon）著，周婷譯，《烏合之眾》（*The Crowd:A Study of the Popular Mind*），臉譜出版社，二〇一一年三月。

對大部分父母來說，面臨孩子青春期階段，他們常常會在初期不自覺地以勒龐的觀點，企圖平庸化小孩的行為，自己揮舞指揮大旗，要求孩子遵守規則。如果不考慮父母更深層的動機與潛意識，有些聽起來真的並不是那麼的可靠，充滿像是「大家都這樣」、「你一點都不像我們家的人」、「你長大後可沒人會教你這些」此類的一般性社會認知，而這些認知正式宣告了與孩子開始對立的第一步。一直到你願意學著去聽、去看、去感受、也學會了尊重孩子後，才能真正開始與小孩的獨有性和平相處，否則孩子青春期的問題總會一直困擾著父母。而造成一般父母口中青少年叛逆的關鍵，很可能就是這個「平庸化」的認知與行為所引發，或者更適合的說，是父母「解讀的結果」。

對企業而言，其情況也差不多，只不過，我必須提出來，一則是企業受到的外部影響變化與威脅遠比家庭來的多很多（我相信在家庭內沒有必要進行SWOT競爭分析[2]與供應商管理）；再者企業內部以「專業」劃分組織形成的結構，也不適合勒龐所提的「烏合之眾」，這些使得我們有必要修正勒龐的觀點。所以群體或組織的平庸化，在企業內部並非是必然的，例如許多企業採用的腦力激盪（Brain

---

[2] 一種企業競爭理論，將競爭關係依自身的優勢（Strength）與弱勢（Weakness），和機會（Opportunity）與威脅（Treatness），以矩陣方式表達出來。

Storming）是鼓勵展現員工獨特見解的常用手法。

雖然如此，企業內還是有許多的工作是需要群體合力去完成，藉個人單打獨鬥是完成不了的，所以在企業中藉由「盾化」某些個人特徵的現象，可能有不得不然的原因，甚至是一種有計劃的盾化。例如在工作場所穿著統一的制服。所以對企業這個群體而言，盾化員工的某些的個人化特徵，有其必須的社會現實，如果工作者能理解這個現實，或許會好過一些。然而對職場發展敏感的工作者，這很可能也是造成他們不滿、不理性、甚至反而是喪失認同感的一大原因。

如果你同意我們把個人在職場的生涯發展切成好幾個階段，把最令主管頭痛的階段識別出來，然後將此一時期類比於人格發展的青春期階段，那麼接著你一定會問，這兩種情境真的不存在落差嗎？在這裡，我們得先面對一些不同的條件。首先，青春期的小孩有一個正在發育的生理，不論是外表、身高還是性特徵，也因為這個成長，開啟他們藉由探索異性，來重新定義自己的潛在動機。對職場青春期的工作者，並沒有這樣的尷尬又興奮的過程。所以我相信你絕對不會以員工長了青春痘，或是特別熱衷親近異性而認定他陷入職場認同的危機。在心智能力上，工作者一般都已經表現出成熟的現象，不像青春期的小孩，不過，也請別小看這些看似成熟的心理已發展狀態，俗話說：「小孩好哄，少年好教，成年難改。」正也是這個已經建立在他們心智上的牢牢認知，一旦與企業價值相衝突，更難要求他們改變想法。

你也可能會問：「在面對與處理青春期孩子的方法，是否完全適用於職場青春期工作者？」其實在建立關係、彼此尊重，與同理心的前提下，並沒有所謂真正的青春期專家。一般我們所謂的青春期諮商心理協助，只是比普遍性非精神性疾病的協助更注重青少年的表達方式、生理發育與人格發展。而這些方法大都也都適用於工作者身上。除此之外，也必須具備溝通無礙的語言能力，例如行業的基本認識；還要有職場政治的敏感度，因為有許多的案例與職場政治所引發的權力動機有關；你也必須要有企業運作與管理的基本認識。否則以百分之百套用的心態，將處理人格發展的技巧來完全使用到職場上，你可能會陷入另外一種謬誤，而忘記了個人的特殊性，喪失了彼此了解與彼此尊重的大原則。記住，**過度開放性的言談，未必能幫助工作者聚焦在有益的事情上**。

另外，企業與家庭兩者對教養「下一代」存在一個很大的相同點，那就是生命的延續。企業與人一樣，也希望能百年長青，永續發展，所以培養人才一直是企業的重大使命。在家庭中，大部分的父母對小孩還是負有教養的責任，這一點企業也是相同的，差別在家庭並不是建立在金錢之上，而是在血緣、感情與期待之上；然而對企業來說，與員工的關係則是建立在薄弱的基礎上，主要是勞動與金錢，其他如認同、學習、成就感等等因素就未必來得那麼容易取得與自然發生。

家庭那種關係的臍帶是很難被切斷的，然而企業中這種關係則不是那麼難切割。所以沒經驗的父母是被允許多犯點錯的，這是什麼意思呢？在親子關係中，父母偶而因情緒失控，不當處置了青少年不良行為的方式與態度，只要不是過份離譜，仍然可以靠著親情與血緣關係用時間予以修補，過幾天，他們還是叫你一聲爹一聲娘；反觀企業，則沒有這份禮遇，不當的處置行為，將導致員工失望、離職、甚至於報復、上法院，如同一開始我們提到的Tayer與Lin一般。所以我們很少見過少給零用錢，因此離家失蹤的小孩案例，卻常見獎金發放的太少，導致員工的報怨與離職的例子。企業在處理青春期員工的問題更不能不知道這個差異，在處理這些問題必須比父母親更謹慎與更細心。

其次，我們也必須知道，在知名心理學家愛瑞克森（Erik Erikson）的人格發展論述中，將人格發展分成八大階段（見表一），每個階段都有相對發展的任務與面對發展的心理社會危機，在青少年階段，自我統整與角色的定位對這個階段的個人至關重要，發展不良將會出現許多迷失的行為。

表一　Erikson心理社會發展理論的八個階段

階段	年齡	發展危機（developmental crisis）與任務	發展順利的特徵	發展障礙者特徵
一	0～1（嬰兒期）	信任與不信任	對人信任，有安全感	面對新環境時會焦慮
二	2～3（幼兒期）	自主行動（自律）與羞怯懷疑（害羞）	能按社會行為要求表現目的性行為	缺乏信心，行動畏首畏尾
三	4～6（學齡前兒童期）	自動自發（主動）與退縮愧疚（罪惡感）	主動好奇，行動有方向，開始有責任感	畏懼退縮，缺少自我價值感
四	6～11（學齡兒童期）	勤奮進取與自貶自卑	具有求學、做事、待人的基本能力	缺乏生活基本能力，充滿失敗感
五	12～18（青少年期——青春期）	自我統整（認同）與角色混淆	有了明確的自我觀念與自我追尋的方向	生活無目的的無方向，時而感到徬徨迷失
六	19～30（成年早期）	友愛親密與孤癖疏離（親密與孤立）	與人相處有親密感	與社會疏離，時感寂寞孤獨
七	（成年中期）	精力充沛（生產）與停滯頹廢	熱愛家庭關懷社會，有責任心有正義感	不關心別人生活與社會，缺少生活意義
八	50～生命終點（成年晚期～老年期）	自我榮耀（統整）與悲觀絕望	隨心所欲，安享餘年	悔恨舊事，徒呼負負

艾氏的理論也提到了退化的可能性，也就是說在不同發展階段並不一定與年齡有絕對關係，換句話說，我們不可能也不可以單從一個人的年齡來斷定他的人格發展階段。所以我必須提醒企業主管，年資深淺並非其表現的行為理性與否的單一標準。簡單的說，職場的青春期可能發生在一個初入社會工作的新鮮人，也可能發生在一位工作兩三年的員工，但仍不能排除發生在任何一位資深員工，甚至是高階主管身上。

動機出發

有許多的生理證據認為青春期會叛逆是正常的一種階段性特徵。有專家提出一種從演化的觀點來推論的假設，認為這個現象極可能與避免近親交配及確立領導人的排它性有關，也就是說必須驅離逐漸成熟的個體，以維持一種平衡。這種論述聽起來滿有意思的，雖然簡約了人的複雜性與時變性，也忘記了人本主義主張的自由意志，不過這也並非全然沒一絲道理，想一想正面臨職場青春期發展階段的工作者，在企業內確實有異曲同工之妙，他們會想調部門、學新東西、看不慣同事偷懶、批評老闆的無能與無識人之明，儼然他們是一塊未被發掘的瑰寶，甚至覺得自己可以取代老闆。為了避免這種一般主管與組織不樂見的異樣行為，早期企業採取了傳統的、高壓的、僵化的管理辦法開始對員工「進行管理」（在這裡稱不上管理，比較接近心理學的制約），失敗的下場就是迫使一些不認同的員工自動離職（不過有趣的是，如果單純從演化觀點來演繹，這似乎是必然的結局）。

在現象心理學的動機觀點中，心理學大師羅吉斯（Carl Rogers）與馬斯洛（Abraham Maslaw）都提到個人自我實現需求的重要性。[3]不過要探討自我實現的動機之前，尚有兩個成長動機必須先被滿足，一個是愛與歸屬，另一個則是自尊。對青春期的工作者而言，來自企業與團隊的歸屬感甚為重要，組織的設計與氛圍是否讓員工感覺身為該企業的一份子，充滿安全感與歸屬感，攸關工作者在企業內是否具有強烈的團體成就動機；而另一個自尊的探討，我們都清楚知道，自尊的高低，可以決定個人的成就動機。高自尊的工作者，樂於挑戰高難度的目標，也比較會努

[3] 知名心理學家馬斯洛（Malow）將人的需求分成五個等級，稱為需求理論。是解釋人格，也是解釋動機的重要理論。動機是由多種不同層次與性質的需求所組成的，而各種需求間有高低層次與順序之分，每個層次的需求與滿足的程度，將決定個體的人格發展境界。需求層次理論將人的需求劃分為五個層次，由低到高分別為生理需求、安全需求、愛與歸屬需求、自尊需求及自我實現。

力達成高成就；反之，低自尊的工作者，則總不喜歡太大的工作變動，研究顯示，低自尊的工作者比較難達成高的社經地位，即使他具有潛力，也未必能實現。但在職場中確實也存在許多高自尊、低成就的工作者，他們雖然有強烈的自尊心，但他們怕失敗、怕平庸，而失去較強的動機去動手做，但往往也因為這個動機讓他們墮入「有做總比沒做好」、「我成功一次就可以證明我能力可以」、「小心，別失敗！」「如果不是……、我一定已經……、等我想……、我再來……」的低成就狀態。

就自尊部分，我可以從另一個角度來談一談，我們就從「迂迴」這個觀點開始。一味追求自尊就像一味追求快樂一般，是達不到所謂心流（Flow）的結果。那是一種將個人精神力完全投注在某種活動上的感覺；[4]心流產生時同時會有高度的興奮及充實感。心流理論是由心理學家米哈里（Mihaly Csikszentmihalyi）所提出，許多人都曾有過這樣忘我的經驗，有一點與馬斯洛提出的高峰（Peak）經驗類似。自尊是一個行事態度的衡量，並不是一種天生特質，也不是光憑藉父母、師長始終如一的肯定與讚美所能得到的。換句話說，較佳的工作自尊來自企業是否不斷給予青春期員工挑戰，並適時給予讚美與處罰，使其培養出合適的自尊來面對新的挑戰與擔負

---

4 心流（flow）是由心理學家米哈里・齊克森提出的一種人類活動中所產生的一種心智狀態。定義一種將個人精神力完全投注在某種活動上的感覺；心流產生時同時會有高度的興奮及充實感。

工作責任；企業一樣無法只透過讚美、肯定與避免員工受挫來提升其職場自尊。我們重新看看Jack的個案，他極力想要證明自己，但卻無法建立在有歸屬感與有自尊的工作環境，其離職行為與青春期的孩子想要脫離他們不喜歡的家庭有類似的動機。

我的員工變壞了

對行為主義信仰者而言，透過操作的制約活動，動物是可以從嘗試錯誤與正確的增強中學到被讚許的行為，而避免犯錯的行為，進而形成一種知識建構，產生固定的行為模式。這種透過獎賞的增強正向行為，會在不知不覺中帶來某種自尊的提昇，但這種自尊卻未必帶來高成就的動機。一般企業的獎勵措施不外乎體制內與非體制內。體制內的獎勵行為來自績效獎金制度、員工的分紅計劃與職務的升遷；而非體制內的獎勵行為，像是主管的口語肯定、鼓勵，與公開的表揚……等，這些措施都會帶來員工個人的正向增強動機。

不過企圖透過這些正向激勵，帶來員工充份效勞的動機，有許多的管理學家與行為經濟學者已經提出了不同的看法。例如高獎金並不一定帶來高績效，我們可以從組織管理學教授菲佛（Jeffrey Pfeffer）與蘇頓（Robert I. Sutton）所著的書《真相、傳言與胡扯：循證管理—以事實證據為基礎的管理—讓你獲益無窮》（*Hard Facts, Dangerous Half-Truths and Total Nonsense: Profiting From Evidence-Based Management*）[5]中看到這個結果。我們也可以在行為經濟教授艾瑞利（Dan Ariely）的暢銷書《不理性的力量：掌握工作、生活與愛情的行為經濟學》（*The Upside of Irrationality: The Unexpected Benefits of Defying Logic at Work and at Home*）[6]所做的實驗結果看到，其根本原因有很多種解釋，不過我們可以肯定「員工的表現」一定與其「動機」出現正相關。企業之所以會想要以獎金來激勵員工，無非希望讓他們產生更強的工作動機，進而透過長期的制約可以讓員工學習成為一位高成就感的工作者。只是高獎金制度的效果與方法未必有效，因為我們仍然無法證明高獎金一定可以形成高成就動機，進而產生高績效。

---

5 菲佛（Jeffrey Pfeffer）與蘇頓（Robert I. Sutton）著，《真相、傳言與胡扯：循證管理—以事實證據為基礎的管理—讓你獲益無窮》，梅霖文化出版，二〇〇七年七月。

6 艾瑞利（Dan Ariely）著，姜雪影譯，《不理性的力量：掌握工作、生活與愛情的行為經濟學》，天下文化出版，二〇一一年一月。

知名心理學家班度拉（Albert Bandura）在有關學習的過程中，非常強調社會學習功能。所謂的社會學習，包含在社會環境因素、個人對環境的認知以及個人行為三者之間，彼此交互影響，最後才能確立學習完成。而其中影響社會學習能力的一個重大因素，就是稱之為「替代學習」（vicarious learning）的方式。而這也就是我們常說的透過觀察與模仿的學習方式。這種學習方式不同於傳統行為學習理論者強調的制約與正向經驗，它是一種觀察別人的學習經驗而學到新經驗的學習方式，班度拉特別稱此種學習為「無需練習的學習」。

前蘇聯心理學家沃高斯基（Lev Voystky）更加強說明了社會文化對個人所產生的鷹架作用，這些影響就像搭房子的鷹架一般，讓個人可以立基於此，向上繼續延伸與疊加。這些研究與理論，足以說明家庭對個人所產生的影響，並被證實是無庸置疑的。所以有些小孩在面對問題的處理態度與反應，多多少少反應了來自家庭的期待與慣有的價值觀。曾有一個針對在美國移民的不同人種小孩所做的實驗，發現亞裔的小孩在圖畫競賽的成績比較好。透過旁邊的觀察者的詢問也發現，乖寶寶效應在亞裔的小孩身上特別明顯。當他們在塗色時，施測者同時以童語式的詢問與他們交談，發現亞裔的小孩對顏色的選擇出現了「這是媽媽喜歡的顏色」、「我媽媽一定會要我上這個顏色」等等的描述。[7]

所以對初入職場的新鮮人，其已經在家庭與學校習得的認知、價值大部分都與職場無關，在一進入工作場所時，難免會有衝突與對立的發生。對正有此煩惱的職場新鮮人，在進入職場的開始，也必須重新建立新的鷹架與找尋學習對象，這樣的心態，是可以讓工作者比較快進入狀況。所以許多企業在面對新進同仁，一般都實施新人訓練或是提供師徒制（Mentor）來協助工作者。

模仿的學習行為，在企業內是非常重要的。依據班度拉的理論，統計出兒童們最喜歡模仿的四種對象。

心目中最重要的人，所謂最重要的人是指在生活上影響他最大的人，諸如關愛他、養育他的父母；學校教育他、管束他的教師；同儕中支持他、保護他的領袖，都是兒童心目中最重要的人。

與他同性別的人，在家庭中，女兒模仿母親，兒子模仿父親；在學校裏，男女學童分別模仿男女教師。此種性別模仿，是兒童心理發展中性別認同的重要學習歷程。

[7] 愛德華・史都華（Edward C.Stewart）、米爾頓・班奈特（Milton J.Bennett）著，衛景宜譯，《人類學家眼中的美國人：一種跨文化的分析與比較》，八旗文化出版，二〇一一年六月。

特殊性的人物，偶像、曾獲得榮譽、出身高層社會以及富有家庭兒童的行為。

好朋友，同年齡同社會階層出身的兒童，彼此間較喜歡相互模仿。

在職場上，除了性別發展的特定性，其他的三種，我們都可以類比出三類人，會是職場工作者模仿的對象：

工作中最重要的人，例如：上司、客戶、總經理、執行長。

特殊性的人物，例如：企業內的超級明星、標竿人物，或是企業顧問。

好朋友，例如：企業內年齡相仿、工作接近，與興趣相同的同事。

上司或客戶因為是影響員工最大的人，但常常因立場的分歧，員工比較容易感受到對立與壓力，不過透過長期的接觸，我們也觀察到員工也會在立場轉變時，表現出模仿的行為，例如長期面對客戶的員工，在面對供應商時，也會不自覺的表現出客戶的態度與行為。記得早年中國剛開放，我有一位工程師同事，他始終無法正常的發出捲舌音，不過因為與他長期接觸的人都已經習慣了，也不再糾正他，當他被外派中國服務客戶一個月後回國，他的話簡直脫胎換骨，不但該捲舌的音都捲了，連不用捲舌的音，他也捲了。

另一個在企業內的潛在模仿的對像，在企業管理的術語稱作標竿人物（Benchmark）。企業內部的標竿人物，指的是該人物的思考風格、處事原則、人際關係與工作績效都會是企業的優良典範與代表。

對一個員工在進入青春期的前期階段，其所能從標竿人物學到的價值與行為，也是超乎一般的想像，如果該員工又正好被歸屬於該標竿人物轄下訓練與管理，或與其直接共事，產生的現象更是明顯；相反的，若是企業內並無標竿人物的出現，在員工尚未形成正確的工作態度與適應組織文化的能力之前，其所產生的學習較為混亂與無所適從。所以大部份的企業都會提倡標準流程，用以取代標竿人物的效果，來達成該有的學習歷程，這正也形成了以流程為主的鷹架效應。這種鷹架效應不能說全無優點，但對剛進入青春期的員工來說，帶來的不適應性與一心想創新獨立的念頭，難免會產生一些衝突，為了降低衝突，其異樣與脫序的行為就自然的發生，或者積壓著不滿的情緒，影響了其正常的工作表現，敏感的主管總是會察覺到，也容易以負面的刻板印象進行不必要的推論，像是「員工想離職了」、「員工變散漫了」、「員工不守秩序了」、「員工開始叛逆了」。

如同青春期的孩子一樣，工作者在職場上總會在某一階段，**迷失了方向而不自知，需要別人的指引而不服輸**。他們要別人給他們肯定、認同，任何可以滿足他們獲得肯定與認同的人、團體或企業，他們趨之若鶩，偏偏企業並沒有正視這個問題，反而習慣以過來人的身分與認知來解讀這些陷入職場青春期的工作者，如同大部分的父母一般。冠以他們不知吃苦、不勤勞、不合作、不耐壓等等的負面指控，其實都是徒勞。即使使用傳統的管理辦法、高獎金的獎勵制度、高壓的績效淘汰制度，真的並不適用於職場青春期員工。我們從父母處理青春期孩子所學到的經驗與教訓一再告訴我們一個事實，現在叛逆脫序的孩子，不代表他長大成熟後，依然還是這個樣子，關鍵在於你如何陪他走過這一段不成熟的歲月。企業也是一樣，能否從工作發展的階段性必然，給予更多的同理心，是非常重要的，因為沒人說得準，現在叛逆脫序的工作者，將來會如何成就他的事業。

拿到了不及格的理化測驗卷成績，一臉天真的露西終於鼓起勇氣，在教室門口攔住了他的中學理化老師Ben。

露西：「老師，你知道我將來要做什麼？」

Ben：「嗯！我很高興你肯與我分享！」

露西：「老師，我要當一個明星，拍電影和唱歌！」

Ben皺了一下眉，緩緩說道：「很好啊！那就努力啊！」

露西：「老師，既然我長大要當演員，我幹嘛要學理化？」

Ben遲疑了一下後說：「喔！親愛的露西，當演員有要求理化成績不能太好的限制嗎？」

Chapter 3 與企業共舞

「一個舞者，
以精湛的舞技與掌握精準的節奏掌握，
跳出一支難度最高的雙人探戈。
在所有觀眾起立致敬並鼓掌叫好的同時，
他認為世界是屬於他自己的，
這些人在他眼中已經成為配角。」

忽然間，警報器誤響，一片漆黑，只聽見一片譁然、一陣陣的撞擊聲夾雜著哭泣、咒罵與哀號。

「原來這一切都只是偶然。」

Benjamin Liang，二〇一一

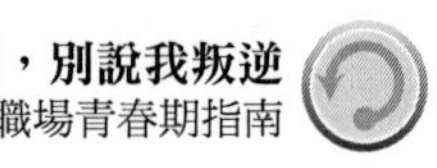

你眼中的企業

一般員工對於企業的認知常常是敬畏中帶著一絲的期待與忍耐，至少我早年身為員工時是如此。我們都不自覺的敬畏於企業的龐大組織、企業的嚴格流程、企業的輝煌歷史；我們期待自己可以在企業內生存下來，甚至表現優異；為了這些期待，我們可以忍耐、壓抑自我的特點，以求融入群體的一致性。我這樣的描述或許不盡涵概全部的可能性，不過我們常常可以從許多的隱喻（Metaphor）帶給我們悽悽焉的感受。像是：

風水輪流轉。（暗示企業的權力結構隨時會變）

吃得苦中苦，方為人上人。（暗示企業的工作是可以砥勵心性）

媳婦總會熬成婆。（暗示自己在吃苦）

小螺絲釘。（暗示自己在企業的重要性不高）

大樹底下好乘涼。（暗示在大企業下工作很輕鬆）

小孩開大車。（暗示主管領導力不佳）

哈巴狗。（暗示同儕討好上司）

高處不勝寒。（暗示企業高層勾心鬥角）

伴君如伴虎。（暗示企業高層性情多變）

這些隱喻觸動了我們內心深處對企業組織內生態一種清晰的見解，並帶來些許的情緒，那就是「高層永遠不了解基層的辛苦」，與「基層永遠要承擔高層的責難」——除非你飛上枝頭。

我不能說這些隱喻有錯，不過我也不能完全同意它們的論點。大部分的工作者，他常常無法清楚的分辨模稜兩可的企業倫理、企業價值、企業目標、企業責任等等的專業問題，而容易以簡單、概括與類比的方式來解讀企業這個有機體。

以下是我聽某位老師對任教學校校長的一段描述：

我早就已經對我的學校死心了。當初我懷抱著教學熱忱，進入這所學校。不過卻被校長一再的澆惜老師的熱情。我發現校長根本不在乎教育的本質，他們玩弄政治，只擔心下一次的評鑑會議，決定他能不能升遷，能不能有好的政治關係。我一直在經過很多年，才學會不理會他對我的要求，因為專業上我一點都不輸給他。從那一天開始，我覺得很快樂，因為我終於可以把重點放在學生與家長了。

我並不評論我這位朋友選擇快樂的方式是對還是錯，不過我總覺得對這位老師朋友有一點遺憾與惋惜，畢竟她沒能有機會與上司發展更好的同理心。

在下面我舉出了五組關係詞，這五組關係詞都悠關了企業的核心價值與商業行動。在你讀下去之前，建議你可以先闔上書，自己回答這每組關係詞的差別，這將有助你，用不同的眼光去了解你身處的企業，或許可以幫助你避免留下遺憾。

一、企業與上司

二、學習與工作

三、目標與目的

四、市場與客戶

五、管理與領導

如果你已經很清楚了解自身的職場環境，我們可以透過以下五個問題常常引起的簡化推論，來一一審視自己與企業的差異。

Q1：「我上司的行為就代表企業的行為；企業的價值一定從上司的行為反應出來。」

不能分辨、或者搞混了這些定義，就容易對企業內外發生的事件，產生不太合適的認知與推論。這些認知無法幫我們分析出企業從事活動的真實動機與態度，也就無法與我們在職場的發展性產生強烈的連結，所以或許可以稱為認知的缺陷。這個認知缺陷的描述，源於心理學家賽利格曼（Martin Seligmen）從習得性無助（Learned Helplessness）所提出的假設。[1]企業所從事的活動如果在根本上與工作者的工作內容產生不同調或脫節，工作者長期將感覺不到自己在企業內部的重要性，而漸行漸遠，類似產生習得性無助的現象。這個時髦的心理學名詞，來自心理學家實驗發現，對長期無法以自身行為來改變被電擊命運的狗，這些一開始還會努力嘗試避開電擊的動物，在經過多次試驗，進而認知到無效結果後，它將進入一種無助的狀態，即使我們已經把閘門打開，牠只需跳到另一邊，就可以迴避電擊，但牠卻不再進行任何嘗試。而這些動物相較於完全未被電擊與可以成功習得迴避電擊的對

[1] 習得性無助是一九六七年，美國心理學家馬丁・塞利格曼（Martin E.P.Seligman）以狗為對象做了一系列實驗所提出。指出人或動物在接連不斷地受到挫折，用盡他可行的辦法，仍無法改變現況，便會感到無能為力，進而喪失再度嘗試的信心，陷入一種無助的心理狀態。在現實生活中，我們可以從那些長期經歷失敗的兒童，久病纏身的患者，無依無靠的老人身上觀察到「習得性無助」的特徵。

照組動物而言，前者都會顯得對其他可自我控制的事件產生不良的認知，進而導致消極的行為。因為這些混淆，我們常常遭遇到諸如按規定辦事卻被指責不知變通；知所權變卻被批評違反規定的情境。以第一個混淆為例，許多員工把企業與上司掛勾為同一個角色，一直到你的上司被總經理責備、資遣或離職，你才驚覺他們真的有所不同。這個混淆，容易讓我們誤以為上司的管理風格就是公司的風格、誤以為上司的否定就是企業對你的唾棄、誤以為上司對你的加薪就是企業想收買你、誤以為企業將你列在裁員名單上就是上司對你的不滿。這是一般工作者，尤其愈基層的工作者，愈容易產生的錯誤認知。

Tracy到AB Info Co.面試，主考員問她為何要離開前任公司。

Tracy：「我的公司對我不公平，她規定我必須要加班到晚上九點，完全不考慮我有家庭。」

主考官：「你的上司是誰？職務又是什麼？」

Tracy：「她是客服經理，名字說出來沒關係嗎？」

主考官：「沒關係，我們的面試資料是絕對保密的。」

Tracy：「她叫Forest Rutherfold。」

主考官：「那麼巧！她是我們企業之前的優秀員工。」

Q2：「企業聘雇我是希望我為其賣力工作，一定不是要我來學習的。」

第二個是學習與工作的混淆。許多企業對新進員工都會實施專業訓練，期待你能快速在企業內有所貢獻。不過誠如已故管理大師彼得·杜拉克提到的，二十世紀職場的最大變化，便是由勞力工作者進展為知識工作者。在許多的企業裡，需要的員工是要有專業能力，而且該能力要能與日俱增，所以常有所謂作中學（Training on Job）的論點出現。這使得職場上工作與學習的分界變得愈來愈模糊。到底企業該不該付錢、該不該給予時間讓你學習？然後期待你有貢獻。

我記得我曾看過一段話：「人生沒有多少地方可以讓你犯錯，結婚不可以，工作也不可以。唯一一個允許你、也鼓勵你犯錯的地方，只有教室。」為什麼一般人對犯錯的價值觀會有兩極化的結果，很可能是因生活體驗的不同，進而產生大家對錯誤的不同認知。如果我們把錯誤這個詞想成是負面的、有傷害的，我們自然會想盡辦法迴避它；相反地，如果我們用正面的眼光看待錯誤，離成功又近了一步、又學習到一個新的經驗，則不會讓你畏懼犯錯，而能輕易的接受它。

說企業是不允許犯錯的，倒是有些言過其實。企業的經營與成長，始終面臨一大堆的不確定性（Uncertainties），但是企業領導人的責任並不是被要求不犯錯。二○一一年九月十二日，知名入口網站Yahoo董事會無預警的撤換了執行長卡蘿・巴茲（Carol Bartz）。平心而論，巴茲在就任執行長的過程，並沒有犯下什麼大錯，但是導致她下台的一大原因就如媒體報導的：

> 六十三歲的巴茲上任三十個月以來，雅虎股價只上升1.15%美元，投資人對她十分不滿。更重要的是，巴茲在雅虎陷困之秋上任，一直未能在營收上開源，也未能穩定雅虎財務，連最傲人的線上展示廣告龍頭地位也將不保。[2]

在職場上不犯錯並不是保證飯碗的鐵票，事實上巴茲做了很多Yahoo這家公司應該做的事，像是再度聚焦Yahoo為所有多媒體最佳入口網站的工作願景，她也完成了投資中國的阿里巴巴的大膽決策，如果董事會反對她的策略，大可早三十個月前就請她走，可見當時他們也不知道該怎麼讓Yahoo起死回生。不過誠如熟悉網路產業的

[2] 聯合新聞網，二〇一一年九月七日，http://mag.udn.com/mag/digital/printpage.jsp?f_ART_ID=341107。

分析師所言，對已經進展到了Web 3.0末代的今天，Yahoo卻還停留在以Web2.0的心態在經營公司，對進步快速的網路世界來說，她在掌管Yahoo期間，並沒有做對任何事，因為她沒有做錯任何事。

中國前領導人劉少奇曾說過一句話：「**成績要說得夠；問題卻要說得透！**」

他反應了**企業與組織對成功與錯誤最真實的看法，這個看法就是「知道」。已經達成的成果要清楚知道**，才可以建立知識與常模，以擴大戰果，複製成功經驗。對可能的錯誤，也必須要能及時清楚知道，以進行必要的修正，反轉結果，這才是管理強調的「立基於實務的風險管理」。一般企業的觀點總以為競爭的優劣取決於事先規劃，但是必須在三個前題下才可能落實這種觀念。一是你對整個產業、市場所有的資訊能百分之百自由的取得，並能正確判讀；二是組織成員的執行力萬無一失；三是競爭對手睡著了。我想這是企業經營不可能擁有的天堂。所以企業務實的做法，常常是寧願學習試探，寧願行動；也不願在原地等待。就像在下圖表達的情

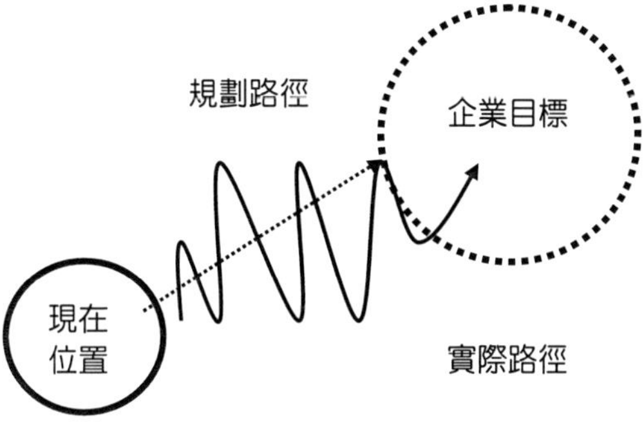

境，在企業完成任務，達成目標的過程中，決不可能完全如事先規劃一樣。

企業況且如此，那身為企業內的工作者呢？其實結果亦然。大部分的主管都無法容忍的學習是「不具行動力的學習」，像是為了學習而學習，卻無法反應學習成果到企業的行動與任務上。所以許多的主管並不喜歡企業進行不必要的口頭宣導或是為期三天的策略規劃會議。除非它能帶出行動力。

Q3：「企業的目標就代表它要到達的目的地。」

第三個是目標與目的混淆。我遇過許多的工作者常常會對我抱怨，為什麼他們努力去達成上司為他們設定的目標，結果卻被上司嫌棄、責備；又為何有些同仁，明明沒有達成目標，卻被上司褒獎。

Boss：「Tim，為何你始終工作都做一半，就差那一點點，就可以成功。」

Tim：「什麼？你不是交待要這樣的結果嗎？」

企業的目的雖然很多元，卻不容易在短時間內改變，一來是與企業的資金募集有關、二來是與企業成立過程有關。這兩個因素，使得企業必須要有一定的方向與目的。但是目標則不是，它可變、可以因人而異、可以因地制宜，更不用說時間對目標產生的動態影響。我們在前一段也看見企業在往目標前進時，因為知識的落差，讓我們常常在試誤的過程中摸黑前行，雖然無法如規劃般的一路平順，卻還必須不停對齊校準，當然還必須時時注意，目標是否仍與企業目的對齊。所以我總會問他們，當初上司與你訂下的目標，在你努力一個月後、就在完成前夕，你還確認那個目標還存在嗎？如果還在，我只能說你很幸運，因為你被設定了一個靜態的目標，不幸的是，在我們面前的挑戰常常是動態的。目標是用以執行企業目的的前提下所架設的一個里程碑，提供達成企業目的的一種選項。不過在你沒走到這裡前，你也往往不確定下一步。著名的德國軍事家克勞塞維茨（Karl Von Clausewitz）在他的名著《戰爭論》（*On War*）中曾說過一個例子：

一個騎馬的夜行者，比預期早到達目標點，他看看時間，猜測路途長短，他決定再多趕一些路，到達下一個目標點再休息。不過他沒有料到他到了驛站，沒有一匹充份休息的馬匹讓他更換；他也沒有猜到前晚的大雨使得山路泥濘難行。他終於在深夜到達下一個目標點時，更沒料到那是一個無法讓他過夜的休息點。

所以兩者最明顯的差別在於，目標常因人、事、物與競爭時空背景和競爭者行為而發生改變；但目的則不會。所以請不要以為你完成被設定的目標，企業將更接近它要的目的，因為企業面對的是一個會因你的行為產生互變的動態環境。

Q4：「我常接近客戶，我一定可以了解市場。」

第四個混淆是市場與客戶。有許多的工作者獨尊客戶，把客戶的管理與通路的經營就當成你對市場的掌控。而單憑你對市場的了解並不代表你能完成整個企業與市場的交易過程。因為要完成一個完整的交易流程，必須要有許多不同價值觀的人合力才能完成，如果你不能理解這些現實，你可能會像我的老師朋友一樣，將學生與家長視為她的重點市場，而不再理會校長，她可能會錯過了學校能提供更多的協助與資源，讓她能把教育做的更深更廣，影響更多老師，造福更多學子。曾有一家美國餐廳不允許客人攜帶寵物進入餐廳用餐，侍者被訓練得彬彬有禮，但他們仍然會很堅定的告訴帶寵物的貴賓，本餐廳無法為您提供服務。因為該餐廳目的是在經營一個真正頂級客戶的市場，客戶的管理只是為了經營市場的一個目標。

Q5：「好的管理上司必須是一個好的領導人。」

第五個是管理與領導的混淆。這個題目很大，大到至今仍有許多管理學專家為此爭執不休。這一點也不奇怪，不論是單一論：兩者是同時發生的一種能力；或是二元論：兩者根本上就不是同一種能力，並須分開看待；還是多元論：兩者的影響因素有大部分是相同的，少部分則不同。我會在接下來的一小節特別談一談，不過我們可以先來看看一個企業個案。

SYBEL CO.的總經理Tom是一位四十歲初頭的創業家，他一手打造了這家規模十億營業額的中小企業，對他來說企業文化是他最重視的一件事，也是他企業成功的保證，他在公司落實「尊重」的文化，不喜歡插手每個部門的專業領域，這些年來他充份的授權，讓員工充份的為自己也為公司奮鬥，更重要的是，他在獎金發放上，一點也不手軟，他改善了許多員工的生活。

在策略規劃現場的台上，他穿著一件大小合宜的藍色西裝，配上紅色領帶，望著台下五十多位的主管，他應該帶給這些人活力與衝勁的感受，不過今天的他卻無法顯得自信從容。他的公司已經連續四季出現了負成長，更可怕的是現金也因為原物料成本的漲價，讓公司現金流可能出現危機。

他的左右手，負責汎歐區行銷業務副總的Irene正站在台下，對Tom說：「我很認同你的明年營業額倍增計劃！」她轉頭看周圍的高階主管們，大家都回報她迷惘的表情。她接著說：「問題是你要我們怎麼做？」說完話後，Irene想把麥克風傳給下一位發言者，可是卻沒有任何人願意伸手接續發言，大家全都把眼光投向了Tom，似乎在期待Tom這次能負起責任，引導大家該怎麼因應這個歐洲債信引起的市場萎縮。Tom努力的把頭仰起，看著Irene：「Irene，妳知道的，我們公司向來都是集體決策，而我也一直尊重大家的專業，也很想讓妳告訴我，我們該怎麼做？」

Tom肯定是一位好主管，因為他充分授權，發揮全體員工的專業，也不吝把福利與員工分享。問題是，當一個全球的災難來臨，每個主管完全無法以他自身的專業來解決這個從沒遇過的問題，他們轉而期待他們的上司，能拿出主意來，可是顯然Tom這回讓他們失望了。

企業的自我感覺

企業到底是什麼？說真的，這真不是一個很好回答的問題。不過我們可以從許多過往的企業領導人談話與許多企業顧問與專家的談話著作整理成：

企業是一個家。
企業是一艘船。
企業是一支軍隊。
企業是一支交響樂團。
企業是一部追求效率的運轉機器。

這些對企業的認知，乍聽之下還真有點道理，但在實務上，卻又讓許多經理人覺得不盡真實。首先我必須告訴各位，這些認知我不能說它錯，因為它們都是在執行某種企業目的的前提下所窺探到的企業樣貌。不過猶如年輕的愛情誓言一般，是有許多先決條件必須要言明在先的，更不用期待它可以隨著時間恆久不變、堅若磐石。所以在婚禮時，牧師總是要重覆、慎重地把可能情境讓雙方先體會一下，新人再決定回答我願不願意。把企業當成一個家的認知，它可能只是想要建構出企業讓它的員工感覺到家的溫暖、和諧與齊心協力，不過坦白說，在經濟景氣急轉直下的今天，有許多標榜家庭概念的企業也面臨了裁員的命運。當然，把企業當成是一支軍隊，應該也是想藉由人類數千年對戰爭的理解與經驗，來想像與模擬商業環境。用軍隊來要求它的紀律，用敵人來具體化它的競爭對手，當然也會用戰場來模擬市場，不過，說真的，畢竟員工不是軍人，他們的執行任務的意志與持久性，是完全不同於軍隊。

與其藉由神似又不太吻合的譬喻，不如讓我們感謝這些年的企業管理專家、顧問們，他們大力推廣成效卓越的企業宣言、企業願景、或者是企業使命，來讓組織容易與之校準。這些文字宣言或口號，正好可以讓我們來看一看企業如何看待自己，這也會比較貼近企業的認知。

在許多的企業內外訓場合，我常常聽到許多的學員與我分享他們企業的使命、願景，不過在進一步探討下，這些使命與願景能否傳神的傳遞企業想要的認知，我還是悲觀的。因為不經過一段長時間的企業自我探索，要能精確又有前瞻性的定下企業願景與任務，很可能只是在描述創辦人自己的夢想與期待而已，這樣是無法與實際的企業活動相互吻合的。對許多經歷過自我探索的企業，這樣的宣言則更顯得可貴與清晰。我所擔心的是，還有許多的企業並不怎麼重視自我的價值與態度，更不用說能否反應在他們企業的宣言上，這對要求你的員工態度、價值與企業同調的立場，似乎有些異想天開，這樣的情形將使得企業必須要花更多的時間來摸索自身定位與員工溝通。

在這裡我們可以來看一看幾個企業的願景與使命，這些企業很多是你我所熟悉的，有些則不然，這也正好反應出我們個人對企業的實際認知情況與企業自身是否存在差異。

追求人與社會及環境的和諧。（Toyota）

有創意的解決未被解決的問題。（3M）

提供女性的機會，絕不設限。（Mary Kay Cosmetics）

像富人一樣愛買就買。（Wal-mart）

讓全家都歡樂。（Walt Disney）

全球資訊垂手可得、獲益良多。（Google）

身為全球最優秀的航空一員，KLM誓言為客戶、員工與股東創造最大的價值。（KLM）

顛覆日本低質產品的優秀企業。（SONY）
讓人人都可以擁有汽車。（Ford）
成為全球商務機的佼佼者，引領世界進入噴射時代。（Boeing）
在微軟，我們一直在幫助人們和企業實現他們的潛能。（Microsoft）

從這些企業自我認知中，除了有機會讓我們快速窺探企業的自我定位，有時還真的具有意想不到的魔力，避免企業下錯判斷、壓錯寶，甚至渡過危機。當然隨著時間改變了經營環境，這些傳統固有的企業認知也限制了、甚至僵化了企業改變的動機，企業因固有的認知而讓自己走進死胡同的例子也真是不少。戴爾電腦（DELL）曾經叱詫市場的直營模式，使他們大量複製到其他的產品，最知名的莫過於ＬＣＤＴＶ，其結果可想而知，所以誤把企業的宣言當成錦囊，有時常常陷入一種選擇性的失真，心理學上稱為視覺窄化（Tunnel Vision）[3]，反而不利於企業的永續發展。

嘗試把企業的願景與使命寫得愈全面，愈複雜，固然可以比較保險，不會隨科技、產業、市場的變化而需要及時更新，卻可能流於繁瑣，而令人無所適從。

[3] 克里斯・查布利斯（Christopher Chabris）、丹尼爾・西蒙斯（Daniel Simons）著，楊玉齡譯，《為什麼你沒看見大猩猩？：教你擺脫六大錯覺的操縱》，天下文化出版，二〇一一年四月。

××企業是一家永遠追求創新、獲利、文化與活力的企業，不會因時間改變我們創業勇敢、勤奮、上進的企圖。

我懷疑到底有幾個人能從上面的願景找出價值，甚至產生行動指導？不過我仍然相信，願景與使命是最快速可以認識一家企業基本認知的步驟，在我過往面談過的上千個求職者中，你能猜出有多少位應徵者直接問過我這個問題：

「請問你的企業使命與願景是什麼？企業價值呢？」

相對於薪資福利的詢問度比例又如何呢？我可以告訴你是百分之七十。也就是說我所遇到的求職者，至少有百分之七十以上的人因在乎而要求薪資福利；但卻沒有人會想了解企業的自我認知。我真的在此慎重建議所有的求職者，薪水固然重要，了解企業對自我的認知更重要。否則當彼此衝突發生時，除了無所適從，發生在個人身上的失調現象，也會出現在你與企業之間，這真不是一件好事。在台灣知名組織心理學教授鄭伯壎、郭建志、王建宗的研究《組織文化與員工甄選（一）、

（二）》中，也發現了求職者的工作性格與企業的文化價值，深深影響了進入企業後的績效表現。[4]所以請別再被一些看似創意的「你如何移動富士山？」、「你如何不用眼睛看見自己的眼睛？」又奇怪的隨性問題誤導與遮蔽，以為自己申請進入多年輕、多有創意的企業而沾沾自喜。

當然，有些企業會把企業願景使命寫得玄到非要CEO出來解釋不可的境界，例如：「不作惡」，我想這個企業宣言是想強調沒有任何事不可以想、不可以做，除了惡事。只是當我嘗試透過網站索引與「企業」單辭關連最多的字時，我才知道這是不可以分享的，即使是全球大眾共同的使用累積成果，這也是該企業一個大商機。所以除了不作惡之外，老子想不想告訴你還是要看錢多寡。當然我也有聽聞一家企業的五年願景是：「五個一億」。明白揭示我要成長，我要賺錢。企業認知之所以很難被一眼看穿，猶如你無法單純解釋為什麼酒醉後，每個酒吧女侍長得都一樣一般。它包含了多年形成的價值觀，與當下全體員工形成的態度與行為。

不過還有一點值得一提，如同認知心理學專家貝克（Gary Becker）所言：「情緒是通往認知的康莊大道。」我們也可以這們說：「企業在進行非日常事務性的活

[4] 鄭伯壎、郭建志、王建宗著，《組織文化與員工甄選（一）、（二）》。

動時（增資、訓練、績效管理、重整、併購、裁員、破產、轉投資），是通往企業認知的康莊大道。」[5]

家人看企業

「企業不會要你一輩子，不過我肯定會與你生活一輩子。」（某企業員工眷屬）

要來談這個主題前，我們可以先談一談你的岳父、岳母，或者你的公公、婆婆。在邏輯上，推演下面的事理是有問題的。

「Katherine是我母親，Lisa是我太太，所以Katherine也像是Lisa的母親。」

---

[5] 貝克（Gary Becker），知名心理學家，提出應用廣泛的憂鬱量表。根據其臨床經驗的觀察，提出其憂鬱症的認知理論；他認為憂鬱症患者具有三種認知特徵，而這三種特徵使他們容易產生憂鬱情緒：一、認知三元素（cognitive triad）：包含負面的看法、負面的觀點、對未來充滿負面的想法；二、認知錯誤（cognitive errors）；三、負面自我架構（negative self-schema）。

我想大部分的人都覺得這是一廂情願的想法吧！在亞洲大部分的國家，女生與先生的父母同住的傳統仍然被承襲下來，所以上述的推理深深地主導了男方的認知，因此他們常常無法理解為何太太無法與他的媽媽像母女一樣和睦相處。

我們試著把家庭情境轉變成為職場，來看一看以下的邏輯。

「Katherine是我的主管，Lisa是我的太太，所以Katherine也像是Lisa的主管一樣。」

這個推理，不需要我悍衛，就已經不被大家所認同。也就是說在我們的認知裡，是可以分辨這兩種推理的差異。那麼差異在那裡？你或許會覺得事情很簡單，前者的母子關係包含了血緣關係；而後者的聘雇關係可差得遠。不過說真的，如果你去做一個調查與統計，你的配偶排斥你的公司與上司的比例，很可能遠低於對你父母的比例（當然對大部分的亞洲男人肯定會反對）。

我們無法否認，大部分的人都要工作，也都有家庭。那家庭的成員是如何看待一間企業？答案可能非常簡單，如果你對企業評鑑不滿六十分，那你的家人從你的反應與抱怨中，對你的企業評鑑將比六十分低很多。這個原因可能有兩個，其一是外部歸因，因為你可能以外部因素作為你工作不順利的藉口（除了家人的因素外），你認為「企業沒有善用你」、「企業虧待了你」，「上司誤解你」，而家人基於家庭保護的先天立場，合理地也會對你在企業裡的不如意進行極類似的外部歸因。我曾有一位員工想離職，最後卻是他的太太勇敢的來對我解釋與申請。

另一則是自利的偏見（self-served bias）[6]，它很可能會衍生為家庭服務的偏見，將一切的不如意，歸屬於企業活動所造成。這種現象很可能是因為界面（Interface）所造成。我們都知道，任何有界面的地方，就容易形成資訊的落差，你的家人對你服務的企業的認知，是根據他們與你的界面所形成，它並不是如下圖的對等三角形，而是鏈接（Casecade）的關係。

如果我們無法形成家人與企業的界面或者窗口（即使許多

6 自利的偏見（self-serving bias）：一種將自身錯誤以外部歸因來減少失調的偏誤。

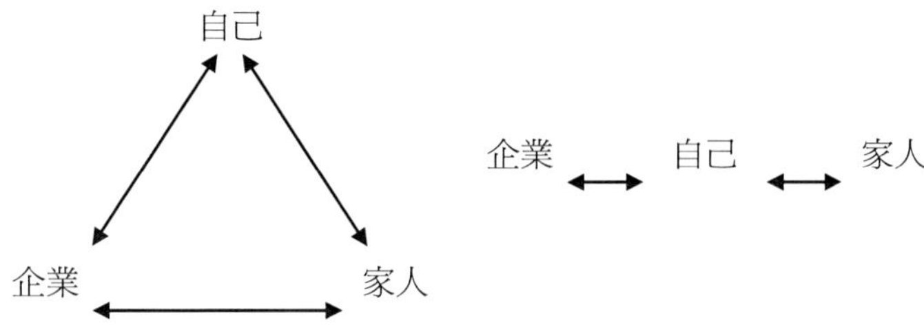

企業企圖建立此一界面，但一年一次的家庭日，或是買屋補助，仍很難遂行這個目的），你所傳遞的資訊將大大決定了你家人對企業的認知。

Bob與Gary各有一個孩子Tom與Johnny，也都服務於GAXY企業從事業務推廣的工作。他們同一天報到，接受企業相同的訓練。他們的工作幾乎常常需要到客戶的辦公室拜訪，而客戶常常要忙到下班才有時間見他們。二年下來，Tom與Johnny同時被企業選上派駐莫斯科進行業務推廣。不過Bob認為企業虧待他的孩子，才把他外派海外，而且還是偏遠的國家；不過Gary卻逢人就說他的小孩Johnny因表現優異，企業也看好他，所以派他到新興市場為企業開發新的據點。

從這個例子，我們不能說兩位父親他們對開發中國家的看法有價值上的差異；不過我想我們也不會否認，兩者對同一事件卻看法迴異的原因，與Tom與Johnny傳遞的訊息有很大的關係。

AXIC公司因去年業績大幅滑落，所有的員工都對今年的績效獎金不抱期望。Jordan也不例外，他告訴他的太太Emily今年出國旅遊的計劃肯定要泡湯了。不過他的太太卻很不服氣，她告訴Jordan：

「你的表現跟〇七年一樣優秀，我都抱怨你加班太多了，但是〇七年你領了四個月的獎金，今年卻沒有？」

Jordan：「我也沒辦法！公司就沒賺錢。」

Emily：「這不公平！我看隔壁的Tony都沒你加班多，卻比我們有錢。」

Jordan：「唉！Emily，我不是一直跟妳說過，我們行業不同嘛！」

Emily：「我不認為。我有看《商業周刊》，它說不景氣時，還是有公司可以賺大錢。」

Jordan：「那你想告訴我什麼？」

「我覺得你們公司要你們全部員工背負營運不佳的責任，很不應該。問題其實都只是你們老闆的問題，是他自己能力不好，卻不願負全責。」Emily對她自己推理出的洞見有些自豪，她轉頭看著陷入長考的Jordan。

Jordan開始不再加班，他對他的老闆開始產生了莫明的不信任，他看著他仍然開著賓士轎車來上班，愈想愈委曲，卻完全忽略那輛車已經十年了。在月底時，Jordan的老闆私下找了Jordan來聊天，他告訴Jordan：「雖然公司業績不好，但是我還是很感謝你對AXIC的貢獻。我也知道你跟了我好多年，Emily也一直支持你工作，所以我還是決定發給你一筆小獎金，雖然不多，但算是代表AXIC對你表達感謝！」。從那天開始，Jordan又恢復了原來的工作態度，但是他的太太卻無法理解，一筆小獎金怎麼又輕易改變了Jordan。

大家都喜歡英雄

在許多的歷史中，幾乎每一個事件至少都會有一位英雄，而這位人物的行為也常常讓人印象深刻，並奉為榜樣，予以後人學習。有時候我們甚至無法描述一個沒有英雄的歷史事件。這種行徑其實也反應了我們之前提到的知名學習理論心理學家班度拉（Albert Bandura）提出的社會學習功能。與其說事件中一定有英雄人物的出現，不如說是社會與大眾自己塑造了英雄人物，來得真實一些。這些能成為英雄的人物，除了自己的價值觀與認知深深地被以往社會學習的標準驅動外，也在後來被人加入了更多未必屬實的傳言，以強化與擴大我們希望未來英雄應該具備的心智能力，與行為標準的指標性與學習性，讓他能更滿足於社會學習的功能。

我們小時候，常被要求讀所謂的偉人小說或他的生平，而不是當時的事件分析報告。所以在書店的分類，一直不知如何將成功企業家的傳記歸類。是歸屬於管理類、歷史類還是小說類。不過我想可以確定的是，該書的銷售量與他企業的股價有強烈的正相關。一個客觀的事件分析，並不容易讓人產生學習性，因為它不具備簡單的推理性與啟發性；反之，一個看似活生生的人的行為，似乎讓人們在學習的認知上，更容易找到一條捷徑，向社會價值的方向靠攏，而這個簡簡單單的行為方式就是——模仿。

也因為人類這種社會學習的行為，造就了我們對英雄的崇拜與追逐。那企業內部有英雄嗎？需要英雄嗎？要探討這兩個問題，我們先來看一個活生生的例子：

二〇一一年八月五日，在智利北部科比亞波市附近沙漠地帶一處銅礦坑發生了坍塌事故。當時採礦公司快速的清點礦工人數，確認有三十三名礦工仍被困在深六百八十八米的地層下。我們試著看一看當時意外發生後二十四小時的背景資料。第一，我們不確定礦工是否仍存活？但專家估計存活率很低。第二，救難專家初步研判如果要救出底下的受困礦工以現存的救難設備，需要花上四個月。第三，當時塞巴斯蒂安・皮涅拉（Sebastián Piñera）以些微票數贏得智利總統大位不到一年，他也是智利二十年來第一個選上的右派總統，他篤信人民的價值，當然他也需要更多的群眾支持。第四，美國的一家新創公司在第一時間決定提供一種新型的鑽頭，可以更快速更小震動的鑽開堅硬的岩磐。

在救援開始的十七天後，奇蹟發生了。在緩緩升起的鑽頭上，綁上了一張寫著：「我們全部三十三人，仍然活著。」的紙條。接下來數天救難員岡薩雷斯以垂直下降爬下隨時可能再度崩塌的礦穴中，與受困的礦工進行接下來營救的細節討論，並輸送食物、水，與灌入新鮮的空氣。

終於在經歷了五十天，三十名礦工依序的被美國與智利軍方合作的升井機救出，他們穿上特殊避免感染的外衣，與戴上太陽眼睛一一被送進醫院。我們終於獲知在最艱困的十七天裡，五十四歲的礦工烏爾蘇亞（Luis Urzua）在礦坑裡一直擔任被困礦工的領袖，妥善分配只夠兩天的食物與飲水，使大家渡過最堅困的前期災難。

在這個災難事件中，英雄主義的崇拜再度引起了媒體大量的討論與報導，從報導次數最多的礦工領袖烏爾蘇亞，到第一個冒險下去礦穴的救難員岡薩雷斯，甚至到智利總統皮涅拉。我們大部分的人讚揚他們的隨機應變、臨危不亂、勇敢，與對個人生命的重視。但是這樣的行為真的只會發生在具有英雄特質的人身上嗎？還是我們對於結局的期待，使我們附予這些人特別的意義？我倒無法去對這個議題進行評斷，不過我們來看一看在事件發生快滿一年後的狀況，這些被視為英雄的礦工變成媒體撻伐的對象，他們被控收取不當紅利、作秀、私生活不檢等等。

而企業真的需要英雄般的執行長才能存活嗎？我想答案是否定的。著名管理學教授與作家科林斯（Jim Collins）在其著作《從A到A＋》（*Good to Great*）一書中，分析了十一家企業，這些A＋企業的股票投資報酬率連續十五年的績效表現明顯優於同性質公司，並且作者也分析了對照組。[7]他得到的結論是卓越的企業並不一定需要英雄CEO，相反的，這些CEO未必具有很強的魅力，也不喜歡張揚自己的能力。事實上他們行事低調，不斷提出問題，也不畏懼殘酷的失敗，他們把失敗視為能力再提升的機會。在《心態致勝》（*Mindset: The New Psychology of Success*）一書中提出能力可以增長理論的學者，同時為心理醫師的作者德瑞克（Carol S. Dweck）更為曾被視為克萊斯勒汽車企業英雄的艾科卡（Lee Iacocca）、史谷脫紙業的鄧列普（Albert Dunlap）、麥當勞的安隆（Ray Mcdonald）等人，分析其英雄主義的心態，如何導致企業的崩壞。[8]更令人印象深刻的是，這些曾為媒體、華爾街英雄的企業經理人，即使下台後，仍然將過錯歸因於別人、環境與不相干的事件。

---

[7] Jim Collins著，齊若蘭譯，《從A到A＋》，遠流出版，二〇〇二年九月。

[8] Carol S.Dweck著，李明譯，《心態致勝》，大塊文化出版，二〇〇七年三月。

許多的工作者常有兩個迷思，一個是企業面臨危機時，一定會需要一位英雄；另一個迷思則是，當企業或你的工作面臨困難時，我該不該扮演這位英雄。這樣的問題真的很弔詭，因為企業從事的大部分活動並不是直接影響社會穩定、成長、利益或者是價值觀。在企業內，以期待英雄的潛意識來等待問題被解決的方式，常常是不智與不允許的。我聽過太多企業在面臨重大挑戰與決定時，並不依賴社會上形成的英雄認知的標準，而是考慮了更實際的處境，以更務實的方法來渡過。企業對員工的要求也是相同的，他們並不喜歡個人英雄主義，我在長期觀察企業的發展過程中發現，每間企業固然會形成內部的價值喜好，慢慢形塑了企業學習性，但強度與韌久性是無法與社會學習性相比。在社會上，我們一直要取消階級，但是在企業中我們卻不排斥，甚至為了權責追求階級，這種企業與社會衝突的價值觀比比皆是。

或許你讀到這裡，心理的熱情被澆熄了一大半，但這畢竟是實情。電影裡演著小職員如何揭發企業的大陰謀，反轉劣勢的情節，可能都還停留在前一世紀的勞資對立的戲碼，也刻意突顯勞方終究可以戰勝資方，不過代價是你肯定會失業，除非你是演員。

管理與領導

與其說有許多的人對管理存在著普遍性的誤解，不如說這些人對未知存在著高度的幻想。這是什麼意思呢？一談到管理，我們最容易給的一個安全回答是：

「管理是一種科學；也是一門藝術。」

「管理是管理眾人依其專長共同完成一件事。」

然後，我們的腦海裡出現的畫面，不外乎很高級的決策、很系統的規劃，與很有智慧的危機處理，好像所有神奇的事都在那一間有著巨大落地玻璃窗的經理人辦公室瞬間發生。最近，管理學教授明茲伯格（Henry Mintzberg）在他貼身跟隨（Shadowing）了二十九位經理人，在一天內面臨的問題與處理的工作後，他對管理工作有了更清晰的印象與更明確的答案，他的著作《經理人的一天》（*Managing*），完全顛覆了我們一廂情願的想像。[9]他認為事實上許多能定義清楚與責任明確的工作，常常是專業部屬完成的，而這正也是知識工作者的份內工作與他的專業價值；反觀經理人大部分的工作則是在處理「定義不清」與「責任不明」的

[9] Henry Mintzberg著，洪慧芳譯，《經理人的一天》，天下雜誌出版，二〇一一年六月。

小事情，這些事情小至門口警衛的訪客登記，大至研發與銷售部門間的衝突，層出不窮，但這些事卻存在關鍵的影響力。令人好奇的是，透過對這些事的完成，管理者真的可以進行有效的領導嗎？答案是肯定的。對專業工作者能處理的工作，只是執行組織目標的一個大項目，就像是組合模型的一片元件，但沒有預先安排的螺絲孔與螺絲，整座模型是無法完美的組合起來，所以連英代爾（Intel）的前執行長安迪．葛洛夫都自承他每天花百分之七十的時間在開會。[10]

領導算是一種科學與藝術並存的能力嗎？這個問題的答案就像心理學歷史中所爭執的氣質（Tempermental）是天生；還是後天形成的一樣，沒有標準答案，但肯定有交互作用。[11]領導常常有身先士卒的行動力、決定方向的魄力與發揮團體合作的影響力三個要素，不過這顯然與管理不完全是同一件事。弔詭的是，將領導與管理分開來研究，真的也好不到那裡去，或許我們對優秀的企業主管同時既有好的管理力與好的領導力的雙重能力，不會心存懷疑，但要把這兩個能力混為一談，卻也是極不妥當的。所以我們可以發現有許多具有領導魅力的主管不論他的氣質、口才、

10 Andrew S.Grove著，巫宗融譯，《葛洛夫給經理人的第一課》，遠流出版，二〇〇五年四月。

11 傑若米．凱根（Jerome Kagan）著，許靜予譯，《真本性的影響力！最新最震撼的心理學追蹤研究小心你的「不由自主」：出生九十天後就跟定你一輩子的「天生氣質」》，大寫出版，二〇一一年六月。

影響力都屬一流，不過卻很怕麻煩，怕自己做事的格局小，周圍永遠有一群幫他打理雜務的幕僚，好把他的時間發揮在重要的事情上。我們也可以看到一些主管，毫無領導魅力，忙著溝通協調，忙著處理危機，不信任下屬，不講究充分授權，每天都很忙，卻永遠沒有同心協力的戰鬥盟友。

有的管理學者喜歡引用二元論，就是認為管理與領導完全不同，而分開來研究。當然也有管理學者提出多元論，將多元的因素歸納為管理，也可以把相同或不同的因素歸納為領導。在我的經驗看來，後者比較接近我的經驗。實質上唯有進行統計上的因素分析，[12]比較能找出經理人的心智能力，只是它很可能不再是我們熟悉的管理與領導如此廣泛與可接受的名詞。

不過，在此我並不想進一步探討兩者的關係，不過倒是可以看一看一般員工對企業主管的認知。他們對於領導與管理分辨上的困難（坦白講，我當了主管也有好些年搞不清楚），常會對工作、目標與方法產生不少的誤解，進而與主管的預期有

12 起源於心理學上的研究。在心理學上常會遇到一些不能直接量測的因素，例如：人的智力、EQ、人格特質、食物偏好、消費者的購買行為等。對於這些無法明確表示（抽象的）或無法測量的因素，希望可以經由一些可以測量的變數，加以訂定出這些因素（factor）。陳順宇著，《多變量分析》，http://www.mcu.edu.tw/department/management/stat/ch_web/etea/SPSS/Applied_Multivariate_Data_Analysis_ch7.pdf。

落差，而形成困擾。舉例來說，我們會對主管過於密集的詢問進度，感到不耐煩，總希望他們充分授權；若是主管不聞不問，對下屬採取放牛吃草的行為，又會造成我們的不諒解，認為他們不在乎，也不重視我們。這可能是一種認知的誤解，不過前者又比後者好，因為管理真的就在如英特爾前總裁葛洛夫所說的：「**唯有戒慎恐懼者（Paranoid）得以生存。**」

Russel又開始抱怨他的老闆Jassica了，因為Jassica不知從什麼時候開始對每月的銷售額與新產品推廣進度發生了興趣，她開始出席行銷業務副總Eddie主持的產銷會議。對負責亞太業務的Russel來說，Jassica的參與，像是闖入迷宮的愛麗絲，總是問一些不專業的問題，也總是對他使用已久的速算表（Excel）格式指指點點。今天早上的會議，Jassica比大家都早進了會議室，等待著會議的開始，他不禁懷疑，她又來攪局了。

Jassica拿出事先準備好的紅色指標器（Pointer），對著營幕指了一指：「Russel，麻煩你回到前一頁。好！你能告訴我為何DCF客戶的需求與去年同期相比衰退了百分之五十，但……，請回到下一張，ASC的須求量卻是增加了百分之四十。」

Russel心想，真是個無聊問題，業績本來就是上上下下，更何況DCF的老闆妳也認識，幹嘛問我。他回答：「Jassica，我想DCF業績應該是受到金融海嘯的影響。」

Jassica：「ASC的銷售通路也是北美，為何沒有影響？」

Russel：「……」。他心想，業績達成就好了，妳幹嘛管我賣給誰。

Jassica似乎看出了Russel的不耐煩，她轉頭對即將退休的業務副總Eddie說：「Eddie，我建議你們團隊除了要弄清楚我們的客戶，也要清楚客戶的客戶。」

Eddie：「Russel，你有ASC的客戶名單嗎？」

Russel心裡咒罵著，我怎麼會有，你這個老狐狸，嘴上還是說著：「我會去收集。」

我試著把上述真實個案改寫一下，以方便讀者用另一種認知來看同一件事。

Russel又開始抱怨他的老闆Eddie了，自從Eddie申請優退，Jassica就開始對每月的銷售額與新產品推廣進度發生了興趣，她開始準時出席產銷會議。對負責亞太業務的Russel來說，Jassica的參與，像是指引他的一道明光，以往他總是無法從Eddie口中獲悉公司在市場的策略與企圖，他真的想要更清楚的知道他的下一步行動，也很想讓他的行動與公司的整體目標產生連結。經過幾次開會，以Russel在職場多年經營客戶關係的經驗，他發現Jassica對銷售的一些專業問題並不太熟悉，但她的邏輯性與目的性卻很強，所以如果他要Jassica給他方向、資源，與支持，他必須用Jassica看得懂的表格來呈現，並且提出明確的問題。今天早上的會議，Russel比Jassica與其他人都早進了會議室進行一場預練，然後從容等待著會議的開始。

不等Jassica詢問，Russel首先報告了上個月的業績，並按Jassica的本行（產品研發）將營業額按產品別做了一個比較圖，Jassica拿出事先準備好的紅色指標器（Pointer），對著營幕指了一指：「Russel，你有分析每個客戶對我們營業額的貢獻度嗎？」

Russel：「有的！我也做了與去年同期相比的圖。」一邊說一邊熟練的切換到了該張畫面。他接著說：「DCF業績應該是受到金融海嘯的影響，所以對我們的採購金融衰退了百分之五十。從今年三月我就發現不對勁，也積極尋求別掉單的方法，但因為它始終無法取得好的供應商價格，業績還是每況愈下。」

Jassica：「DFC的通路在北美是嗎？」

Russel：「是的！」

Jassica：「ASC的銷售通路也是北美，為何沒有被影響？」

Russel：「就我所知，ASC賣的產品與DFC是不同的。」他打開另一個檔案說：「Jassica，妳可以看一下，我們賣給ASC的產品毛利只有百分之二十五，但DFC卻是百分之三十六。」

Jassica似乎聽出了Russel的意思，她轉頭對著即將退休的業務副總Eddie說：「Eddie，我們是不是賣給DFC的價格太貴了，讓它喪失了競爭力。建議你們團隊除了要弄清楚營業額，也要清楚市場能接受的價格。」

Eddie：「Russel，你對毛利的看法呢？」

Russel嚴肅的回答：「公司的政策不是一直要求毛利不可低於百分之三十五。」

Jassica：「此一時，彼一時。讓DFC衰退不是我們所樂見，更何況在這麼不景氣的情況下，公司的政策是可以做適度的修正。」

Russel：「好！那我會邀集研發與生產單位，再一次看看能否先協助DFC降低其他元件的採購成本，再來考慮稍微降價的策略。」

Jassica：「很好！降價的策略請你去負責，但結果請讓我知道。」

從上面兩個個案，你能回答我Jassica是一個好的管理者還是領導？這個答案還常常與員工的心態有關。個案一因為Russel的先入為主的認知，他會經歷一個高階主管只重視管理，卻沒有領導力的情境。但是個案二，則完全不同，但是Jassica似乎並沒有什麼太大的改變，完全是Russel的改變，造成高階主管同時展現又管理又能授權產生領導的情境。

職場真技能

還記得我在之前談到的一個尖銳的問題，到底企業付給你的薪資是給你現有的技能價值，還是看上你的潛力，讓你學習呢？

在這裡我們先來看一看知名管理學教授把工作者的技能分為硬技能與軟技能。舉例來說，你們一定認識在專業能力表現傑出，但是在溝通或社交上讓人洩氣的朋友。我們也常常可以在報章雜誌上看見某某知名明星的私生活如此不正常的報導，雖然她／他的外表如此完美。在這裡我所說的專業能力（包括明星的外表）稱為硬技能；我們在職場上肯定也有遇到過，專業能力普通，卻總是有辦法解決客戶的問題，有辦法讓別人樂於幫助他，這裡面顯然隱藏著軟技能。

在企業的競爭環境下，常常有本來看好的企業卻輸給不太起眼的企業的例子。當然我們的第一因素判斷可能是企業資源、核心能力、通路管理，與領導人，不過這其中肯定包含你的熟悉度與個人喜好。為什麼一開始的預測與事實出現出入，很多管理學家提出的是商業模式的創新，問題是你相信嗎？我們來看一看兩個個案。一個是蘋果（Apple）在iPod、iPhone、iPad的成功因素分析，為何它可以打敗當出播放器主流iRiver、比它早進入手機作業系統的微軟（Microsoft），與所有銷售設計筆記型電腦的HP、DELL、ACER、LENOVA、ASUS。喔！我們或許真的很自然相信是創新的商業模式，問題是如果真的透過iTunes與APP Store的加持，可以在三年內打敗不同產業的一大票實力雄厚的競爭對手，我則不太相信。中國有一句俗語：一招半式打江湖。這句話說的背後動機有兩種，一是批評你實力不足，成功來自於運氣；另一個則是意指弄清時局，基本功比任何花俏的技巧來得有效。這兩種情況並不適用於蘋果的成功。

另一個例子，我們可以回到十年前，英特爾（INTEL）的ＣＰＵ是全球人人購買ＰＣ第一首選品牌，每一百台ＰＣ有超過七十二台的ＰＣ使用INTEL的處理器。我們沒有人會懷疑INTEL在處理器積體電路的設計能力。這十年來，當大家都把唯一能挑戰INTEL的競爭對手認定為超微（AMD）時，卻忽視了在一家崛起十年的公司安謀（ARM CO.）。這家在二〇〇一年成立，由幾位劍橋大學的教授所創立的公司，在二〇一一年已經開始有實力挑戰INTEL，目前全球的消費性電子產品、手機已經高達十二億台裝置使用了ＡＲＭ的處理器。問題真的在硬技能而已嗎？如果是，沒有人會在這幾年投安謀一票，那他們贏的關鍵難道是軟技能嗎？

有許多的管理學家與企業領導人。一再強調企業創新力的重要，大家從產品創新、技術創新、一直談到商業模式的創新。讓人不禁好奇這真的足以解釋企業的成功嗎？

我一直記得，台灣長庚管理學院院長吳壽山[13]的一席話：「要成為好的管理者，尤其是科技業，較高的ＩＱ幾乎是必須要具備的。」在上ＭＢＡ的課程時，在競爭分析裡談的核心競爭力三要素，我與負責講授的教授激烈爭辯過，傑出的領導人算是核心競爭力的一部分嗎？雖然我並不能說服大家，領導人的特質是競爭力重要的一環，但我始終也沒能接受不考慮企業領導人特質的競爭理論是可靠的。如果競爭真的與領導人的智能無關，都可以依賴集體決策做成最佳競爭策略，為何歷史上的重大戰役我們需要強調領導的將領，難道只是單純英雄主義的崇拜？

我始終相信領導人的特質對一間企業的競爭力，就是這家企業軟技能的重要一環。

回頭看看工作者，我們常常聽到擁有硬技能的工作者抱怨，為何上司會要求他要具備軟技能；但真的比較少聽到擁有較高軟技能者抱怨上司與同儕。如果以抱怨

13 吳壽山，曾任國家科學委員會管理學門召集人與諮議委員、證券交易所上市審議委員會委員、台北捷運公司監察人、交通部中華郵政總局郵政儲金匯業局財務顧問、證券期貨市場發展季刊主編與管理學報主編、中華郵政公司董事、台灣電力公司常務董事、華南金控公司監察人、財政部證券與期貨管理委員會顧問、經建會中長期資金委員會工作委員會委員與學產基金管理委員會委員、長庚大學管理學院院長。現任證基會董事長。

做為一個工作者的心智狀態，擁有較佳軟技能者似乎可以有較佳的工作狀態。

企業的工作內容幾乎都是必須與人合作，並且能與企業目標結合，這樣的標準對一味追求硬技能而忽略軟技能者，是較不利的。雖然很多企業將這樣的人隔離在企業正常運作之外，掛上所謂技術經理、技術長、財務專員等等，希望善用這些人才的專長，而避免他們接觸不善於也不樂於處理的「不專業」的問題，如人際關係、股東關係、勞資關係、領導、管理、預算、甚至換燈管、訂便當。這樣的安排常常註定了只擁有硬技能工作者的生涯規劃，他們的薪資容易計算，因為專業的東西好量化、好比較、好取得。反而一些以軟技能包裝硬技能的工作者，他們的生涯不容易被預測，多年後，兩種人的薪資、企業位階會出現顯著的不同。

企業在支付你的薪資福利時，並不狹隘的直接區分軟、硬技能，而是根據其他的指標，如執行力、達成率、建設性、合作性等等因素，每個因素的背後都必須仰賴硬技能與軟技能同時支撐，才可能完成一個完整的工作。下次當你再聽到同事在讚美老闆時，先別瞧不起他，仔細察覺背後的動機，與他想要達成目標所採用的方法，可能會比你只是抱怨與輕視，在完成工作時有效的多。

專業遇上官僚

Heusler是任職於MH CO.的設計部，MH CO.是一家時尚服飾公司，其品牌並不追求創造流行為其目標，而是從世界各地收集流行資訊，再交由Heusler的設計部門經過嚴格篩選，選定下一季流行主題、十組流行元素與六至八種組合開始交由製造部門進行製圖。每一季的服飾設計都必須要在六個月前決定，才來得及採購與發包。所以以銷售額來評估設計部門績效成為自然而然的結果。

Babara是在MH CO.企業的人力資源經理，她已經在MH任職超過三十年，她也有三個孫女。Babara可以說看著HM CO.的成長與衰，對MH內部的大小事幾乎都如數家珍，連MH的現任執行長Mike在七歲時，隨他的父親，也就是前任執行長來上班時，都是Babara負責照顧他。

那一天，來自日本、中國、印度等亞洲市場的流行訊息以快遞送進設計部，眼尖的Babara知道設計部又要開始忙碌一陣子了，她一如往常的走進設計部，隨性的找人聊天，她今天挑上了Heusler，她發現Heusler正在為一款裙子加上一排來自印度圖騰的小釦子，如進行排版製圖。熱心的Babara在旁邊看了又看，忍不住對Heusler說：「Hey！小女孩，如果妳堅持把這一排釦子弄在這麼美麗的洋絨裙子上，我想那些女生一定不喜歡！」

「不喜歡！為什麼？」Heusler好奇的問。

「我覺得會有許多的女生喜歡觸摸羊絨的感覺，她們一定不喜歡碰到這些不規則的釦子！」Babara得意的提出她的看法，並投以關心的眼神看著Heusler，好像希望得到她的認同。

不過，Heusler不但沒有認同她，她皺了一皺眉，開口說：「Babara，我很感謝妳的意見，不過沒有釦子的裙子，不符合下一季的『叛逆乖女孩』流行趨勢。」

「哦！我在MH CO.都那麼多年了，我的意見不會錯的！我看過太多失敗的作品了！而且妳這樣會增加太多成本。」

「嘿！Babara，請妳要尊重我專業的意見，因為我是設計師！至於成本問題，我想，Darwin會為我把關。」Heusler沒好氣的說。

「好吧！可別把你的專業與我的判斷放在一起！」Babara心想，這個年輕的設計師，真的是修養不夠，無法接受別人的意見，真是官僚。

「Babara，我會對我的作品負責！」Heusler冷冷的背對Babara說。

三天後，來自發包部門的Darwin的一封信：

「親愛的設計師，根據你的新款短裙，因使用羊絨材質，對扣子施工將增加百分之十五的車工成本，能否考慮減少釦子數目，甚至以其他方案取代，所以請於下週一前提出新設計，否則將駁回你的設計作品。」

Heusler在收到這封信後，心想真是官僚的組織，除掉鉛子的短裙，我的天啊，那還叫有設計的作品嗎？

官僚（Bureaucracy）的原義是層級分明的意思。作為公共行政學最主要的創始人之一——馬克斯．韋伯（Max Webber）認為官僚體制是指一種由訓練有素的專業人員依照既定規則持續運作的行政管理體制。[14]不過許多的社會學家都知道官僚體制源於管理的不失誤、責任的清楚分配，與專業的分工，其主要目的是以解決複雜的問題為本，但這畢竟是一個理想的體制設計，一旦加入了人的心理因素，在工作上反而形成不夠效率與過度管理的現象。這使得官僚成為一個非正面的字眼，也常常與自大、刁難、找麻煩、冗員等字產生了聯想；加上企業強調的標準作業流程（SOP），更可能造就所謂的**「訓練有素的無能」**。

這個體制的設計，當初的優點是以專業作為考慮的主因，並不是以效率作為主要目標。為何會形成專業上的無能呢？這個關鍵在以下三點，個人對目標的認知、

---

[14] Max Weber著，康樂、簡惠美譯，《經濟行動與社會團體》，遠流出版，一九九九年四月。

部門對目標的認知，與前二者是否對齊企業對目標的認知。所以在企業內部，發生因官僚體制的爭執時，我們最常觀察到的是雙方目標看起來雖然一致，卻對處理方式、態度、價值出現差異。就像上述的Babara與Heusler，她們兩人的目標雖然一致，表面上看來似乎都在為企業推出好的設計與產品，但前者似乎也想證明她的喜好也是設計師的喜好，以獲得認同；後者則是想要把流行的因素按照她的設計專業完成作品。這兩個目標雖然終極都是有利於公司的目標，但不同的認知產生了對設計產品過程的大相逕庭。最後卻由成本管控部門的專業決定了兩人的爭執。顯然HM CO.的流程是以專業為主的官僚體制，雖然導致Babara與Heusler的無力感，卻可能推出可達獲利目標的流行時裝。

官僚體制的設計有時是不得不然的結果，讓企業在面臨產業、市場、生產、成本與管理問題時，並不全然以效率為首要考慮因素，而是以回歸各個專業來解決每一階段的問題。雖然我們在之前提過，這個制度是一個沒有經過實證的理想體制，除非企業清楚知道也願意投入實證去得到最佳流程，否則以專業為出發點的官僚體制肯定是不會消失的。在上述個案中，Heusler堅持她的專業是沒有錯的，問題在當企業必須要以效率、或者以成本作為決策時，這個體制能否以時間效率或者有效解決方案作為回應，就必須要看MH CO.企業的目標了。所以如果該公司是以低成本做為目標，可能這個流程的設計是有問題的，因為Heusler真的可能忽略了成本，這也就是上面我提到的「訓練有素的無能」，雖然Darwin對成本的管制卻補足了Heusler的不足，但這卻會造成無形成本的增加與員工士氣的不良影響。

所以當下次你遇到所謂讓你不耐煩的官僚現象時，請換個認知想一想，工作之所以被分解、設計成這樣的程序，可能目的不是在你要的效率上，而你要做的就是修改原有的認知，這將有助於提升你對企業流程的同理，當然也希望能增加一些些耐心。

有一天，Maxwell開車來到一個號稱交通良好的城市，該城市市政府號稱與某大型交通研究機關合作，用科學、統計來改善該城市的交通狀況。當Maxwell由外縣市進入該市後，他驚訝的發現在充滿十字路口的市區，他竟然可以一連通過十個綠燈的路口，而不用在紅燈前等待。不過當他迴轉時，他知道他的認知是有誤的，因為對離城的少數車輛來說，每兩三個路口，等紅燈似乎是無法避免的挫折。

所以當你順向時，請別忘了考慮反向，因為你的效率是建立在別人的等待上。

企業大小事

我相信有許多的工作者，常常會有一種迷惑的經驗，到底哪些事是企業的大事，哪些又是小事；到底你被分配的工作是不是被企業所重視的，還是可有可無的例行公事。其實企業的大事或小事，會依據企業的不同發展階段，而呈現不同的定義。

在《無人之境》（*No Man's Land: What to Do When Your Company Is Too Big to Be Small but Too Small to Be Big*）一書中，作者道格・塔頓（Doug Tatum）將企業的發展分成三個階段。分別是創業階段、無人之境，與再成長企業。[15]這三個時期，企業的核心發展任務是截然不同的。以創業階段為例，讓企業活下去比什麼都重要，根據二〇〇四年的統計顯示，美國的創業環境，有超過百分之七十的企業會在公司成立的三年內關門大吉。而在無人之境的階段，企業則是已經賺到了第一筆財富，但仍然處於摸索成功、複製成功，及如何建立穩固的制度來維繫企業朝成功的方向運作的階段，否則倒閉的風險仍然不低。而能成功渡過無人之境的企業，才能真的被稱為企業，它需要的是更大的視野與雄心壯志，以維繫企業的永續經營。

15 Doug Tatum著，劉淑芬譯，《無人之境》，商智文化出版，二〇〇八年十一月。

所以就像衝浪選手一直想站上浪頭的心情一樣，如果工作者希望自己的工作內容與企業的大事產生很強的關連性，你必須先弄清楚目前企業處在那一個階段？到底該以彈性適應力為主要的策略，還是以建立穩定的制度為主呢？其實並沒有標準答案。也就是因為沒有標準答案，才會讓工作者得以探索、實驗、檢討、修正（PDCA）的循環去學會了解企業所處的情境與堅持的價值觀。

中國有一句古諺：「台上一分鐘，台下十年功。」就是描述成功的背後，需要有更多的投入、經驗與資源才能成就。時間固然佔有重要的因素，但並不一定是決定因素，也就是說戲棚下站得再久，也未必輪得到你上場。在企業內有一個不變的鐵則，大事的成功肯定與大部分的人有關，但是一件小事的失敗卻可能影響更多人。即使你現在的工作在企業中無關緊要，卻很可能是一種考驗，一種承接大事的入門票。不要輕忽看待企業內的小事，沒有小事的完成，也難支撐大事的成功。關鍵在小事做大的態度，可以讓你重新看清楚與審思企業的運作方式。

茶水間的風暴

謠言、未經證實的推測、少部分的人知悉的訊息等這些在企業內部的信息是非常容易在像茶水間這樣輕鬆的場合被傳播。這類的訊息普遍包含幾個特點：

一、與特定人相關。
二、未徵詢當事人同意而任意散播。
三、無法或未進行求證的事件。
四、不適宜公開談論。
五、對傳播者或接受者有利或有害。
六、傳播者有特殊的動機。
七、容易加入個人的意圖而使內容失真或失焦。[16]

---

16 Nicholas DiFonzo著，林錚顗譯，《茶水間的八卦效應：透視謠言背後的心理學》，博雅書屋出版，二〇一一年二月。

在我沒有提出以上幾個特點之前，我們可能不以為意，也常常會在一些非正式場合聽聞或是傳播許多信息。而這些訊息的傳播不能說完全沒有好處，事實上透過傳遞資訊的正常管道所傳播的訊息，往往是較重點式、分段式的，如今年目標營業額、某某部門達成年度目標、某某員工因生涯規劃離職等等，這些資訊有時候真的必須有非正式的管道提供的小訊息補強，才能構成一個較完整的資訊，建構一個合理的事件，也容易被人理解與記憶。我們來看一個例子：

Tina：「Joyce你今天看起來不太有精神，怎麼啦？」
Joyce：「沒事！只是最近工作量突然增加。」
Tina：「是因為你們家主管James離職造成的嗎？」
Joyce：「可能是吧！」
Tina：「不過也很奇怪！公司業績一直在創新高，老闆也才在上週宣佈調薪，James為何在上禮拜忽然請辭？是不是有得罪老闆或客戶？」
Joyce：「我也不清楚，不過我們確實在上週有接到客戶的抱怨電郵。」
Tina：「哪一家客戶？」
Joyce：「VVCT。」

Tina：「VVCT？不是我們最大的客戶啊？」

Joyce：「VVCT確實不是我們最大的客戶，不過你也知道，老闆一直看好Surveillance產業，而VVCT偏偏就是該領域數一數二的經銷商。」

Tina：「那James得罪他們嗎？他不是上個月才從美國出差回來。」

Joyce：「我也不清楚。」

Tina：「難怪喔！老闆前天還特別要Peter陪他出差到美國見VVCT。」

Joyce：「嗯！所以他在今天一早又特地寫了email給全體員工，說我們一定要進入美國的Surveillance的決心。」

以上的對話，在企業內部稀鬆平常，不過如果沒有一個非正式管道進行資訊的交換與重組，還真的難以看出企業到底在幹嘛？人員又為何異動。所以說如果資訊的不對稱性是必然的，茶水間可以說是一個交易的好場所。

問題是，在非正式場合所交換、重組的資訊是不是真的都是正確的？是不是會對其他人或事產生間接的傷害？沒有雙向的驗證與封閉的檢驗，可能這才是茶水間可能引發的企業風暴之所在。

試想，如果今天在茶水間裡談論的是別人的薪資，別人的私事，結果會如何？

如果你覺得公開透明是企業最好的策略，那你也得想一想你能接受自己的薪資很可能比在鄰座卻從不用加班的人低嗎？

先有認知再去找答案的行為其實是一種選擇性的偏誤，然而這種行為卻常常發生在我們周遭與自己身上，尤其在非正式溝通的場合發生的機率特別高。我們常常會為了補足資訊的缺口嘗試透過自我解釋或者試探資訊擁有者來完成，但往往問題可能不在資訊本身，而在你的動機上。像小孩子一樣，為了得到來自父母的肯定，他們會一直不自覺的作出討好父母的行為，直到有一天他們與父母離開或是父母去世後，才發現自己以往的行為深深受到為了滿足父母親期待所影響。許多工作者在職場上也會出現相當類似的反應，在他沒有想要離開企業前，會非常在意來自上司、同儕與企業對自己的看法，這種存在於佛洛依德（Sigmund Freud）所謂的本我與超我的衝突，所引發的自我防衛機制，會如影隨形的存在茶水間裡。

你會藉由對別人的關心，來肯定自己在企業的價值。

你會藉由自己受到的不平對待，擴及其他人與事，來突顯你的失調。

你會想聽一聽別人的觀點，避免在企業裡跟不上進度。

在你績效表現很差（或很優秀）時，會很希望聽到別人的同理安慰（或羨慕與肯定）。

這一些行為的根本動機大部分還是來自滿足你個人的失調與尋求意義上，而這些典型也常常可以在青春期的孩子身上發現，只是他們比較沒有方法與包裝。

把自己的匱乏交給別人，本來就不是一件明智的決定。在茶水間裡卻天天會發生。我仍然重視也肯定透過非正式溝通管道進行溝通，對資訊交流、完整與解讀有莫大的功能價值存在；不過如果太過依賴這些資訊，忘了正式的溝通管道與過度的追求別人對你的同理心，這都不是好事。

老闆：「公司今年決定砍掉我自己的左手，因為我在茶水間聽到有同仁抱怨我一直把髒手伸進你們的工作。不過你們不用太擔心我的狀況，因為我還有一隻右手。」

企業裡的怪怪

在企業內部，本來就存在形形色色不同人格屬性的人，這一點也不奇怪。問題是某些人的某些行為造成你工作上的困擾，讓你無法容忍。雖然在專業上，這些人無懈可擊，可是這時候你就會發現軟技能真的太重要了。

根據杜布林（Andrew J. Dubrin）在其著作《應用心理學：提升個人和企業組織績效》（*Applying Psychology(individual & organizational effectiveness*）一書中提到的幾種企業裡難纏的人物[17]，包括：

1. 無禮的人

無禮的行為在企業內並不少見，行為包括針對特定人或特定事。譬如我們會發現這樣的同事並不喜歡職場上分工合作的遊戲規則，也不尊重其他人，包括同事、上司與客戶。有些人甚至會有粗鄙的行為與言語發生，游走在職場性騷擾的邊緣。

17 Andrew J. Dubrin著，《應用心理學：提升個人和企業組織績效》，雙葉書廊出版，二〇〇七年五月。

2.認為自己永不犯錯的人

這種工作者的特色是完美主義者，但請不要過度聯想完美主義者一定會盡全力、負責任去讓事情發展盡善盡美，因為如果能有這樣的人格特質，其有一天會發現有很多事不在你掌控之內，而學會謙虛。但麻煩的是這些工作者常常是畫地自限的完美型人格，只負擔他能掌握與能力範圍內的事，對別人的工作表現又常常表現的愛莫能助。這種人格典型的言語常常是：

「我相信即使ＭＢＡ的高材生也會與我看法一樣，如果有不同意見，請發表高見！」

「我是這般努力配合，該做的都做了，結果你還搞砸，讓我的credit受損！」

「早就說了嘛！如果按照我的規劃就不會搞砸了！」

3.需要別人強烈注意的人

在中國有一句成語「譁眾取寵」，在形容一種專業實力不怎麼樣，卻依賴引人注目、哀叫的比別人大聲等行為來得到資源的人格。這樣的人典型言語是：

「你都不知道，事情有多複雜，還好我有耐心，一再纏他、求他，他才下單。」

「我們工程單位拼死拼活的努力，你們行政部門都蹺腳吹冷氣。」

「你知道嗎？×××公司用比我現在多好幾倍的薪資挖我，我都不為所動！」

4. 叛逆的人

這類人格特質常常伴隨敏感卻耐壓力低，與行動力不足的現象。常常會把關心、建議與單純意見陳述擴大為指導與要求，進而形成壓力，而處理壓力的方法又常以單純抱怨來宣洩，卻不從事一些具體的改善行動。也因為不同於一般人，讓人覺得不易親近，而稱他們叛逆。

「好啊！他那麼會做，我就不動，看他怎麼獨立完成！」

「我會做就是會做，幹嘛管我上班時間！」

「上下班要刷卡？門都沒有！」

5. 對管理抱持憤世嫉俗的負面態度者

這樣的人又被稱為反管理者，對於組織內任何管理舉措都以負面的觀點予以解讀，並且要求別人在行動前舉出所有能導致成功的證明，質疑任何的可能性與管理的功能。加上他們憤世嫉俗的觀點，也會影響許多決心、信心不足的員工，一起陷入觀望、等待而不知行動的行為模式中，造成士氣低落與渙散。

「為什麼要開發這個產品，你先說服我憑什麼要相信你！」

「一個官字兩張嘴。」

「不要告訴我失敗為成功之母，問題是我們有失敗的本錢嗎？」

「連×××公司都失敗了，為什麼我們會成功？」

6.善嫉妒的人

這種人易於在同事獲得升遷或鼓勵時，私下抱怨老闆視人不明。或者在面臨業績、紅利競爭時，抹黑對手、造謠、污衊。這樣的行為在企業內是存在但卻不太容易被察覺，因為很難求證。不過倒是存在另一種現象，公平原則。這種現象極容易被善嫉妒者利用與包裝，明明他對紅利不滿意，他會擴大為不公平、明明嫉妒別人升遷，卻替別人未升遷抱屈。這種以公平原則包裝其嫉妒心的例子在企業就極為常見了。

7.長期抱怨者

這類的人普遍存在企業中，雖然不會是多數，卻總會有一兩個員工。他們不論對管理問題、人際關係、工作環境都會抱怨，這樣的人格可能反應他們自信心的嚴重不足，而墮入外在歸因的行為之中，以減輕他們的工作壓力與負擔的責任。不過長期抱怨者也相對較少身先士卒，為人表率，喜歡當老二，所以在組織內倒不致於形成有太多追隨者，引起較大的衝突。

8.愛開玩笑的人

這裡所指的愛開玩笑，並不代表幽默，而是凡事喜歡熱鬧與歡樂的情境。這類人格有時對組織是可以有極佳的壓力釋放效果，不過如果本末倒置，為了歡樂而歡樂，就容易誤判局勢、大放厥詞，而難進入真實企業競爭情境，也很難形成與企業價值的連結。擁有這類人格的人也比較傾向歡樂的群眾靠近，偏偏同事間總有悲傷、生病等等不值得歡樂與開玩笑的場合，所以這類人也將較難擁有全面的人際關係，畢竟只有在「耍寶」時容易讓人想起你。

9.情緒化的人

雖然情緒人人都有，而情緒適當的表達也有助於身心健康，不過總有一些人特別情緒化，遭遇一些小事或是一些非預期內的事件便顯得鬱鬱寡歡、多愁善感，進而影響其周遭的人與事。

「即使你是客人，你難道不能體諒我今天被朋友放鴿子嗎！」

「嘿！別自討沒趣，你沒看到他從總經理房裡出來，就高舉今天不理人的紙條嗎！」

「會計了不起！你憑什麼刪我的豪華經典豐盛饗宴親子大餐的費用。」

國王的人馬

我的工作經驗告訴我，在企業裡貼標籤幾乎是每間企業都會有的現象。標籤不見得是不好的事，我想沒有一個人不喜歡被貼上正直、聰明、上進、勤勞這些正向的標籤；但是最不喜歡的，就是被貼上自私、下流、毫無能力、巴結奉承這樣的負向指控。就像我們大腦建立的捷思（Heuritics），可以讓我們以更快速、更有效率的方式進行反應與危機處理，所以我們的生理結構也發展了反射神經元與複雜的內分泌系統來支持我們的隨機應變。標籤也可以幫我們快速決定以怎樣的方式來因應外在環境的變化、進行更有效的溝通、當機立斷。

舉一個例子，客戶、產品分類（segmentation）一直是行銷人員不遺餘力努力精進的工作，他們會將客戶分成銀髮族、中年族、年輕人與幼童；或是高消費力、中消費力與低消費力；或是家用市場、旅行市場、車用市場等等。然後透過形塑該消費族群的行為、動機與消費力進行產品開發、產品定價、產品通路管理，找該族群高認同的代言人等等行銷手段來達成產品上市計劃。所以在某一類市場、某一群人、某一類事件貼上標籤，並不會有太大問題，而且還可以幫助我們快速做成好的判斷與決策。

問題就在標籤常常被附予一些鄙視的動機，**我們生氣的往往不是標籤本身，而是隱藏在背後的動機**。

「國王的人馬」是我蒐集到在企業內最常被談到的一種標籤。我們得先來認識一下企業裡真的有國王的人馬這樣的一個群體嗎？我想答案應該是肯定的。所以我們可以看到美國總統進入白宮第一件事就是宣佈他的內閣人選與幕僚人員。這些人很多是跟著他一路從政、一路選舉而來的夥伴。我想對這些人應該就被歸屬於國王的人馬。我們也常看到許多企業的組織變革，都是從更換執行長開始，而新的執行長免不了會帶來新的人事變動，他（她）會引進原來的舊識進入企業協助他（她）進行組織變革，而把一些老員工「處理」掉。這些舊識也就是大家所謂的國王人馬。

你或許對上述的事情見怪不怪，也能接受，不過當它發生在你身上，或者當這些人與你在職場上發生衝突時，可能會讓你又氣又恨，握著拳咬著牙說：「一群國王的人馬。」如果到此，仍無法喚起你的過往記憶與一絲的情緒，那就只能怪我文筆不佳。我就先來介紹一個實際的案例：

Lesilie是TAC公司的生產經理，她的工作是必須在每個月五號以前決定下個月的產品生產量。她必須仰賴業務部門在每個月一號提供給她的客戶下單量與他們的預測結果。TAC公司主要是生產流行的T恤，銷售給美國的成衣批發商，主要的業務主管是Alex，其底下有Helina與Tom兩位業務人員。美國的成衣批發商的下單交期（Lead Time）一般為三十天，所以以往這樣的工作方式對TAC公司來說，一直沒太大的問題。

Alex是一位五十歲的老業務，在TAC成立時就已經跟著創辦人一起打天下，直到三年前老董事長年紀大退休，把TAC交給了他的小孩Chris，那一年Chris才三十五歲，在TAC外部創業成立一家網購公司，Lesilie正是Chris當時創業的夥伴，他也將她一起帶進了TAC公司。

二〇〇八年底美國的次級房貸波及全球，這些設立在香港外銷到美國的成衣經銷商，成為下一波被影響的廠商，他們的終端客戶（美國零售商）開始縮短下單交貨期，由原來四十五天縮短為三十天，甚至二十天；付款條件由貨到九十天變成一百八十天。這對經銷商無非是一場打擊。因此經銷商們開始不按原來的約定對TAC進行下單與取貨，這使得TAC無法精準的預測下一個月出貨量，也無法將庫存量控制在以往的低水平。雪上加霜的是，TAC的業績在二〇〇九年第一季為一億三千萬美元，只有去年同期的百分之四十，但是其競爭對手卻只衰退了百分之三十。

這樣的業績衰退是TAC公司從沒遭遇過的經驗；庫存量的攀高也是Chris沒有預見的，因為她一直依據業務給的預測進行生產。

二〇〇九年的六月，Chris的庫存量終於高達總資產的百分之十二，超過了安全的水平，她知道T恤是流行商品，庫存如果無法在當季銷售掉，很可能必須在年底前一筆打銷（writeoff），這無非是TAC的大問題，因此她在六月一日收到業務的七月預測時，看到又是一大筆可能出不了貨的訂單，她開始焦慮了。因此她在六月四日傍晚主動找了Alex、Helina與Tom，希望獲得一些資訊，順便希望業務能將前三個月的庫存儘快請客戶拉走。

Lesilie：「我找各位來是希望能確認你們這個月給的出貨預測的達成率？因為連續三個月的達成率平均只有百分之六十，我們是不是在這個月先下百分之六十的生產工單就可以了？」

Tom：「不可以吧！上三個月的客戶與這個月的客戶有百分之四十是不同的，我無法確認他們不會要我們在下個月準時出貨，一旦延誤出貨，除了客戶不滿意，我們的業績也會受影響。」

Lesilie：「不過我們連續三個月的出貨都不如預期，一旦下個月又是如此，我擔心我們的庫存會太高。」

Helina：「Lesilie，這個行業的庫存本來就比較高，何況現在這麼不景氣，多一點庫存，給客戶一些方便是必要的。」

Alex：「Lesilie，妳知道我們的競爭對手在去年第四季衰退得比我們少？那是因為他們的庫存量管理比我們好。我們一直都嚴格管控庫存量，使得很多客戶轉而向別人採購，尤其是急單，你這樣保守，又不做好你的庫存管理，只要求我們業務要向客戶確認，這無謂是更把客人送給競爭對手。」

Lesilie：「Alex你這樣說也不太正確，庫存量的管理政策一直是Chris的主張，我們的職責就是盡力執行這個政策。」

Alex：「Chris的政策？那在以前的時代當然可以，問題是現在這麼不景氣，政策必須修改。」

Tom：「對呀！昨天Chris才把我們叫去抱怨好久，要我們對業績負責，現在你又要我們為庫存量負責，這太不公平了！」

Lesilie：「我沒要你們對庫存管理負責，我只是要你們確認訂單的準確性，算是幫我的忙！」

Helina：「我們怎麼幫你？客戶訂單下來已經很不容易了，這也是我們千拜託萬拜託才拿到的。他們能不能準時拉貨，我們真的也無法知道。」

Alex：「Lesilie，拿訂單是我的事，我會負責，出不了貨，就是你的事，我幫不了妳。」

Lesilie：「那一旦我照你們的需求下單，一旦客戶遞延甚至取消訂單，也是我的責任。你們分明是要我負責我無法負擔的責任吧！」

Helina：「怎麼會！反正你是國王的人馬，Chris才不會拿妳怎樣！」

你能體會個案中Lesilie的情境嗎？這是一個真實個案的改編，與事實差異不大。國王的人馬這種標籤有時真的會為企業帶來了對立，從原本單純的部門合作關係，進而提升演變成資方代表與勞方的不信任的合作關係。個案的最終結果是什麼？或許可以給我們習慣有「國王的人馬」思維的人做一個參考。Lesilie在隔天提出辭呈，Chris花了一整天仍無法慰留她。有趣的是，在她離職日前，Alex仍然在告訴其他人，她是國王的人馬，所以Chris絕對不會讓她走。

我曾經問過不少中小企業規模的經營者，假設有一個情境，現在他們要選一個財務主管，結果有兩個人選，一位是專業八十分、可以與你培養信賴關係的潛力六十分；與一位專業六十分、可以與你培養信賴關係的潛力八十分，你們會選那一位？大部分的答案有點出乎我的意料，他們普遍認為如果非得從這兩位中選一位，他們寧願選擇後者。原因很單純，專業的東西可以再學，再進步。可是一旦挑選的對象變成為研發人員時，答案卻幾乎百分之百的選擇以專業為主。這無非提供我們進一步的證據，如果值得企業經營者信賴的工作者，指的是企業裡必須與經營者建立更深的信賴關係的職務人員，就是俗稱的國王的人馬的話，我們倒可以心平氣和的重新審視這種人際關係圈。身為「國王的人馬」也就不用太在乎是否遭人排擠，或是非國王的人馬也不用覺得與其他人有多大的分別了。

Henry第一次忙到深夜十二點下班，他發現Julia的辦公室還亮著，Julia是總務經理，沒道理這麼晚要加班，他好奇的探了頭，發現Julia正在處理一些資料。

Henry：「嗨！Julia，你怎麼還沒離開？」

Julia：「哦！我正在忙著幫總經理訂明晚洛杉磯的旅館。」

Henry：「那不是應該是Tracy的工作嗎？」

Julia：「嗯！不過總經理的旅館安排一直都是我在安排。」

Henry：「所以時差的關係，妳得加班連絡了？」

Julia：「是啊！反正很多年都是這樣！」

Henry：「沒辦法！誰叫他就是比較信任妳！」

Julia：「他沒有比較信任我！只是要是耽擱了總經理的行程，對我們公司影響很大。」

Chapter 4 你也青春期了嗎？

美國青少年教養專家史凱司（Chales Skyes）在其著作《孩子們在學校學不到的五十件事》（*50 Rules Kids Won't Learn in School*）中，列出只能靠父母教養的事，訓練孩子幫助自己：

一、當過度自我膨脹，遇上現實生活，青少年就會說「這不公平」。但人生本來就不公平，習慣它吧！

二、這個世界並不像學校一樣會在乎你的自尊，它會希望你先有成就，再自我感覺良好。

三、你不會一畢業就能年薪四萬美元，也不會立刻成為副總統，你首先得穿上一件沒名牌標籤的制服。

四、如果你覺得你的老師、父母很嚴格，等你遇到你的老闆再說吧！

五、做低薪的工作並不會讓你失去尊嚴，另外形容低薪工作的字，叫做「機會」。

六、如果你把某件事搞砸了，不要怪你父母，也不要抱怨，那是你的責任，要從錯誤中學習。

七、在你出生前，你的父母並不像現在這麼沒趣。他們現在會這樣，是因為多年來要為你付學費、幫你洗衣服、聽你講你在學校多酷。所以在對你父母喋喋不休之前，還是先去打掃一下自己的房間吧！

八、你的學校也許不再分資優和劣等生，但現實生活仍然有。某些學校已經不再當掉學生，會說過程和結果一樣重要，給你無數次機會找到正確答案，但現實生活完全不會。

九、現實生活不會分學期，也沒有寒暑假，只會要你每天工作八小時。很少有老闆有興趣幫你找到自我，甚至很少工作可以得到自我實現。

十、電視不是現實人生，人生的問題不會在三十分鐘解決，更不會有廣告時段。

十一、要善待能力不好的人，因為有一天，你可能會為一個這樣的人工作。[18]

---

[18] Chales J.Sykes，http://www.the50rules.com/#Scene_1。

認識職場青春期

隨著個人年紀的增長，所做心智狀態的縱向研究一直是發展心理學所關心的。這樣的發展理論，是否也適用在心智成熟的工作者在職場能力發展的縱向關係上？雖然它們兩者探討的階段、發展任務未必不是那麼的吻合，但是發展心理學的理論基礎確實也為工作者心智能力的發展，提供了一條不同於以往人力資源科學研究的道路。在我面對的數以百計個案經驗中，發展心理學的脈絡幫助我更能以同理心解決陷入各種青春期情境的工作者，也讓我能協助更多的企業走出這個近乎失控的局面。

當工作者陷入了職場的青春期階段，能力往往不是他們的問題，反而我們看到太多類似於著名心理醫師克力斯丁（Keneeth W. Christian）提到的SLHPPs（Self Limited High Potential Persons）[1]的族群一直在企業內部出現。這些通過企業嚴格篩選的新鮮人，其智力、能力肯定不成問題，但是卻在企業中工作一段時間後，出現了低成就的現象，他們是如此聰明，如此有潛力與資質，卻以類似沉潛、叛逆，或抽離的行為來表達他們對企業的意見，也浪費了他們的青春。這些工作者選擇與上

[1] Kenneth W.Christian著，連映程譯，《這輩子，只能這樣嗎？》，早安財經出版，二〇〇九年十二月。

司、企業陷入一場各自表態、競爭消長的內部損耗上，這對企業的發展帶來了極大的損害，也虛擲他們自己的光陰，埋沒他們的天份。這種情況猶如青春期的孩子一般，他們的生理發展與自理能力已經不是問題，反而認知才是癥結。所以接下來，我們可以來看一看職場青春期工作者常常出現的一些行為與態度，藉由個案的探討，也更能讓我們同理於他們的困境。

Sting從研究所畢業後，就進入智芯科技服務。名校畢業的光環，讓他在企業內倍受關注。不過，在他的內心卻一直有許多想要趁年輕完成的夢想。智芯是一家積體電路設計公司，座落在內湖一個擁有三面景觀的好地點上，該公司的設計師共有五十位，平均每半年需要產出三顆積體電路晶片，其龐大的工作量可想而知。

對Sting來說，他擁有許多的天份，除了電路設計，他也喜歡社交網站、蘋果網路商店的程式開發。當他在報章雜誌上閱讀到許多透過Web 3.0與網路商電爆紅而賺進大把鈔票的時候，他的內心感到一絲悸動，因為有許多是他曾經想要做的創新點子，現在不但被別人捷足先登，而且他還被困在這個籠子裡，搞鎖相回路的設計。

首先察覺到不對勁的是他的主管，他詢問Sting為何開會不再充滿熱情，甚至於冷漠面對他交辦的任何事。Sting始終沒有開口告訴任何人，除了他的女友。不過，在我認識他時，他的女友已經離開了他，因為他在她面前除了抱怨有志難伸之外，完全沒有任何行動，即使她都願意與他一起冒險，鼓勵他出來創業。

現在的Sting已經離開了智芯科技，投入另一家積體電路設計公司，因為薪資福利更佳，但是工作更忙。他告訴我，他去這家公司，不是因為薪資，而是他想從工作中忘記他的女朋友帶給他的傷害。他每天平均加班到晚上十點鐘，然後他還是上進的讀著《30雜誌》（雖然Sting已經年近四十歲）、《Career雜誌》，給自己更多準備的時間，展翅高飛。他仍然信誓旦旦的告訴我，有一天，他一定要在網路上創業，證明他的實力。

每次想到Sting，我總要屈指算一算，我認識他多少年了。上一次見到他，是二〇〇六年，他的中年小腹又比之前大了一些。我很想相信他，有一天可以創業成功，不過似乎他的選擇與行動，並不支持他的夢想實現。Sting的前老闆，我也認識，每次與他一聊起Sting，他總是搖著頭對我說：「Benjamin，有時我真的不知道年輕人在想什麼？你知道嗎？他在我公司五年來，晶片開發成功的機率是零。」

職場的基本能力

就像Sting一般，職場青春期工作者大都已經具備了職場上工作的基本技能，除了基本照顧自己的能力外，對企業的工作要求大都也能在期待下完成，既使遇到了挫折與挑戰，大部分的人還是知道該向誰求助與尋求溝通，但這樣的能力只能算是職場的基本能力（Primary Skills）。但在職場附屬能力（Secondary Skills）之部份，則顯著欠缺。

Wilson是一位電機工程碩士，頂著風光的學位進入一家積體電路設計公司服務已經兩年，因為表現不算突出，加上個人生活習慣不良，晝伏夜出，導致他搞砸了一個專案，終於在獎金上不滿意而選擇離職。其離職工作的交接由其直屬主管負責，就在Wilson離職十四天後，該主管發現Wilson之前設計的電路有誤，為避免判斷疏忽與對原始設計師的尊重，其主管主動去電詢問Wilson能否回來一個小時進行釐清，否則萬一出錯，冒然進行生產，除了可能造成企業的損失外，也影響Wilson的業界聲譽。

主管：「Wilson你不是答應今天早上要過來嗎？」

Wilson：「……」

主管：「是有什麼問題？如果時間有問題，我們可以再重新約過。」

Wilson：「嗯！我老實跟你說好了！我當初進你們公司是我媽的意思，她認為積體路設計業的薪資獎金都比較好。」

主管：「這之前我有聽你說過，所以呢？」

Wilson：「但是這一次的獎金作業不公平，雖然我認同公司的規定，而我負責的案子確實也搞砸了，但是我媽媽覺得公司對我不公平，應該給我更多學習的機會。」

主管：「那你的看法呢？你還記得我有向你提績效改善計劃，也向總經理爭取等你表現好，幫公司贏一次，就會補發獎金給你，不是嗎？」

Wilson：「我當然沒意見！不過我媽有意見，是她不讓我去幫你們。」

主管：「Wilson，這是你當初設計的東西，我覺得它有問題，一來是希望你能釐清，也算讓你自己能清楚你的設計優劣；二來是幫我一下，你在事先也答應了，不是嗎？」

Wilson：「我也很想幫你，但我沒辦法！」

主管：「你不在乎你辛苦設計的東西不完美的嗎？」

Wilson：「隨便啦！我不在乎了！」Wilson掛上了電話。

在個案中的Wilson，是已經具備了職場上的基本工作能力，但是除了這個工作能力外，還需要有追求事實、重視聲譽、累積經驗、建立人脈等等的輔助能力，Wilson顯然並不具備這些能力。我們確實可以在許多的生活中看到甚至親身遭遇到這樣的例子：有某速食店員工因無法容忍顧客的挑剔，拿起置物盤拍打顧客的頭部，我們透過新聞畫面，直呼不可思議；我們也曾經在標榜服務第一的餐廳中，遭受到服務生態度欠佳的對待。雖然在表面上，這些工作者可以完成企業的基本要求，卻未必能從心出發，全然接受，甚至力行不懈。知名心理諮商師也是作家的珍妮絲・亞伯拉罕・史普林（Janes Abrahams Spring）在她最近的著作《教我如何原諒你》（*How Can I Forgive You?:The Courage to Forgive, the Freedom Not To*）中，描述了一個個案：

一位青少年在違反其父親的規定而晚歸時，他的父親一如往常的嚴厲要求他，一定要他為他的行為道歉。禁不起父親的壓力，年輕人對父親說：「我很抱歉！」接著他以小到只有他自己聽得到的聲音說：「門都沒有！」從此他覺得自由了，覺得他可以從父權的壓力下解放了。他永遠可以用一手抱歉、一手門都沒有的態度來追求他自以為獨立的行為。[2]

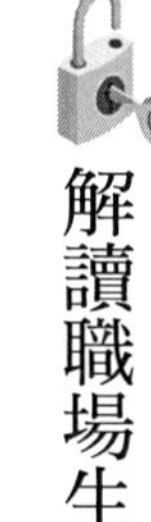

解讀職場生態

要說職場青春期的工作者都像上例的Wilson那樣不在乎輔助技能，也不盡然。**就像你說破了嘴，你的青春期小孩脫序行為依舊如故，但是他並不是不了解你為他所做的付出，事實上他比任何人都清楚你的犧牲，只是他覺得，沒人要你這麼做，這是你自己的問題。**對任何在職場工作的員工或雇主，其對職場不形於文字的潛規則都略知一二，至於了解的深與淺是有極大的差異的，更不用說在潛規則背後更基本（Essential）的原因。

---

2 Janis Abrahms Spring,Ph.D.、Michael Spring著，許琳英譯，《教我如何原諒你？》，心靈工坊出版，二〇一一年七月。

Vic：「你為何要支持共和黨？」

Michael：「因為我贊成他的節稅政策，可以讓我少繳一點稅。」

Vic：「就是有你這種人，才讓那些肥牛少繳很多稅。你知道嗎？我們的政府赤字已經太高了，再不加稅，一定會破產的。」

Michael：「嘿！Vic你有意識型態喔！民主黨難道解決得了這個問題？」

Vic：「這不是意識型態的問題，民主黨也未必能解決這個問題，但是想用減稅騙我的選票是不可能的。」

Michael：「你又還沒有投票權，等你有了，你說不定就不是這樣想了！」

上例的Vic是一個典型的具有政治敏感度的年輕人，供應他生活的經濟的來源說不定大部份都還來自於父母，所以對減稅的誘因並不高；但是對厭惡貧富不均、有錢人不繳稅的既有刻板印象，感覺到不公平，而喜歡以支持懲罰性的行為（如對富人加稅）來表達他們的立場。這樣的現象普遍存在青春期的孩子身上，充滿正義感與熱情，也不吝於表現在外，但就是少了全面性的認知。

Webber：「你知道Jasmine要離職了嗎？」

Danny：「我聽說了。」

Webber：「我早就覺得她應該在去年就離職了。」

Danny：「為什麼？」

Webber：「我們的組織文化根本就有問題，老闆只聽他想聽的，每次Jasmine有不同的意見，我就看她往老闆辦公室裡衝，還不是沒有好下場。」

Danny：「可是她為何待那麼久？」

Webber：「她一定找工作不順利吧！像她那種個性很難找工作的！」

Danny：「喔？可是你不覺得她很勇敢又很有熱情嗎？」

Webber：「有熱情沒有用，熱情是要為好老闆表現的。像×××表現那麼差，老闆還不是升遷他。」

Danny：「老闆那麼爛，你為什麼還不走？」

Webber：「誰說我不走，我在挑一個最好的時間，讓他知道虧待我。」

自我中心

從心理分析主義者的論述中，人類的發展會從自我中心逐漸形成討好外在團體，進而昇華到以團體為中心的價值觀。依據艾瑞克森（Erik Erikson）的人格發展論述，青春期的孩子的心理危機是出現在團體所扮演的角色與團體的認同度上。不過在青春期出現叛逆行為的孩子身上，我們可以發現角色認同的團體已經由家庭親屬轉移到外在的交友圈，使得衝突持續發生在家庭角色認同與自我交友圈的角色認同之間。這種認知上的衝突，迫使處事經驗不足的孩子又回到以自我為中心，啟動了「**我已經大到可以自行判斷，自己負責，所以只要我喜歡有什麼不可以**」的防衛機制。

職場青春期的員工在以自我為中心解讀企業價值的現象也是普遍且容易觀察的。

案例一

主管：「Alian，為何這麼突然提出辭職？」

Alian心想：「什麼突然？難道你不知道我忍了很久嗎？我還故意不參加尾牙聚餐，他都不知道，還說了解我。」

Alian：「沒有啦！只是想換個跑道。」

主管：「換跑道？？你是不是對工作內容的安排有意見？」

Alian：「好吧！既然你說了，我就告訴你我的感受。我覺得我在接下來的工作安排中沒人能指導我。」

主管：「是呀！我可能對你負責的設計沒你懂得多，不過我們可以共同來面對與解決啊！像自修、上課或找顧問來幫忙都可以啊！」

Alian：「我的規劃是再努力一年，我就希望升主管，但是這一年公司根本沒有人能教我，卻讓我自己想辦法。」

主管：「怎麼會沒人幫你？更何況公司付你薪水，應該是要你來工作的，不是來學東西的吧！」

案例二

John：「老闆，我想找你談一談！」

老闆：「好啊！什麼事我能幫你。」

John：「老闆你知道我是研究所畢業，唸的是財務。」

老闆：「我知道啊！」

John：「可是我覺得我在浪費生命。你還安排我去做業務助理，我不是覺得業助沒學習性，只是這樣沒有發揮我的所長。」

老闆：「當初你面試的時後不是說什麼工作都可以做嗎？」

John：「當時我並不了解公司的業務這麼雜。常常要加班，每次遇到付款延期，我都壓力很大。」

老闆：「我們可以不談壓力，但是哪個職務沒壓力。我讓你先進業務部是讓你能快速了解我們公司的業務，也能從成本、庫存與報價上學到課本以外的東西。」

John：「我知道你的用意！但這些只要請人幫我上上課就好啦！」

老闆：「那除了你要企業對你實施行銷、業務、採購、生產、研發、行政的上課訓練外，你還有其他的建議嗎？」

John：「我也不知道，所以才來問你！」

狹隘的人際關係

人際關係的建立是一個複雜的過程，偏偏青春期就是孩子最需要獲得認同的時期，其所能產生關聯的外在環境非常有限，不是家庭，就是學校。美國曾有一項調查，能夠影響員工因薪資不滿意而離職的第一號人物，選項如下：

(1) 配偶
(2) 兄弟姐妹
(3) 朋友
(4) 小孩
(5) 父母與師長
(6) 配偶的兄弟姐妹
(7) 配偶的兄弟姐妹的配偶
(8) 陌生人

答案你猜對了嗎？在未公佈結果前，我們先思考一個問題，**誰應該影響我們工作的選擇權？**

沒有人會否認，我們愈在乎的人的意見，我們會愈重視，也影響我們最深。所以上面的問題多多少少反應了對生活影響力的順序排行，當然也有一些例外，不過也差不了太多。我相信一般人很少會認為能夠影響你，讓你離職的人會是陌生的路人甲、路人乙，但答案也好不到哪裡，調查結果是「配偶的兄弟姐妹的配偶」。這是可以在事後透過各種原因來合理化的結果，其實不會讓人覺得意外，畢竟我們的大腦總不聽使喚的會去合理化週遭的事件，並習慣對外在的變化賦予規則與意義。這不是問題，問題在這樣影響你工作去留的人物，竟然是與你距離起碼隔了三個關係圈的人，可以讓你從昨天職場滿意度很高，跌落成今天的極度不滿。我們必須承認，有時候人真的很不理性，站在實證結果的觀點，至少你應該把周遭朋友的薪資都做一個分佈圖，每個人的薪資在你的分佈圖是一個點，再進行母群體的估計，然後看看你落在哪裡（PR值）。所以如果在你周遭出現一位游手好閒，薪資卻是你兩倍的傢伙，而有另一位工作辛苦卻樂於工作，薪資卻只有你的一半的人，你會看得清楚一些，至少不會那麼難過。問題是在你的人際關係圈是否存在對立面的不同群組，還是清一色、單一價值觀的朋友圈？

知名的賭場酒店哈拉斯（Harrah's），向來以進行各式各樣的賭徒心理與行銷策略分析實驗著名，它的CEO蓋瑞・羅夫曼（Gary Hoffman）有一句有趣的名言：「在哈拉斯，只有兩種情形會被炒魷魚，一種是偷東西被抓到；另一種是做實驗沒有對照組。」[3]

Ben：「你們公司上報了，很不錯囉！獎金七個月。」

Lewis：「什麼？！別笑我了！我們以前都是十四個月，今年實在有夠少。怎麼樣，你們公司缺人嗎？」

認為錯誤是必要的成本

沒有人會否認人類知識的累積，有一大部分來自於錯誤的學習。行為主義心理學專家史金納（Burrhus Frederic Skinner）也一再強調試誤（Trial-and-error）是獲取獎賞的重要過程。不過我們也必須要知道，在以經營效率至上的企業中，所謂的學習成本是否值得與合理，一直是一個爭執的課題。我之所以這樣說，並不是否認失敗可能帶來的價值與新的認知，而是因為人都有自我知覺現象（Self-Perception），

[3] 美國哈拉斯娛樂公司（Harrah's Entertainment）全球最大賭場娛樂集團。CEO蓋瑞・哈夫曼（Gary Hoffman）同時也是哈佛大學的副教授，專長是資料分析。

該現象常使我們在事件發生後，才驚覺到發生了什麼事，並善用了大腦的自動認知功能，將整個錯誤形成的過程合理化，以降低自我失調與減輕自我責備的壓力。典型的像是：「這是一個無法事先知道的錯誤」、「這是一個任何人都可能犯的錯」、「都是因為計劃太趕，才導致錯誤」、「都是因為你沒事先告訴我」、「都是因為我沒經驗」。這些延宕產生認知的過程，我們可以在後述的歸因主題再來探討。不過我想先來探討一下何謂必要的學習成本。

所謂企業成本的概念，並不像一般從事學術性研究的成本概念，總是把風險看成一個機率，因為學術裡沒有企業強調明確的目標、嚴苛的時程管理與最終成功產出的期待，甚至一不小心都可能面臨倒債破產，當然還有員工的向心力問題。企業談成本不外乎兩件事，一是值得嗎？二是風險。這兩個考慮點都強調了企業的行動必須要事先考慮、規劃與評估。問題在當一個計畫正在進行中，卻出現了非預期的錯誤，該錯誤所導致的成本是否在當初的因應範圍內。在千禧年網路泡沫化之前，最熱門也最被看好的網路投資案不是Google、不是社交網路，而是網路市集（Webvan）。該投資案吸引了數十億美元的資金，包括來自著名創投萬寶環球投資（Benchmark Capital）、紅杉投資（Sequoia Capital）等等大型機構的投資，該公司甚至在一九九九年底達到市值八十億美元，但該公司最終以破產收場。[4]問題在哪裡？有許多的專家學者以世紀豪賭來形容這個僅次於摩特羅拉的銥星計畫的投資案。在事後的分析中，我們看到了對市場的認識不清、工廠投資金額太大、自動運輸產線品質不良、宅配時間不對、消費習慣不適應等等原因，導致整個投資計劃失敗。但簡單的一句結論就是：犯錯的成本高於企業所能承受的負擔。這是一個誤認與低估必要成本的真實案例。

在青春期的孩子中，總有一些聽起來合理，做起來卻困難的情境會發生。像我書中一開始提到晚歸十五分鐘的Lisa一樣，為什麼是九點？不可多十五分鐘？我們可以從兩方面來重新看待這個問題。

第一，這是必要的成本嗎？在這十五分鐘內發生意外的機率或許很低，但一旦不幸發生，是一個家庭可以負擔得起的嗎？

第二，關鍵在事先的預估還是事後的解釋，當然在這兩者之間，還存在著一大片灰色區域，可以供雙方選擇與運用，譬如事先打電話告知晚十五分鐘的，或者家長驅車安全把小孩接回家的。

4 皮普柯本著，《別被創新沖昏頭——判讀高科技贏家與輸家的終極準則》，商周出版，二〇〇七年八月。

讓Lisa父母惱羞成怒的原因應該集中在第二點上。有不少青春期的孩子總會要求家長讓他們自己做一次決定，這一次包括：自行回家、自行在外過夜、自行選擇學校、自我要求成績、追求自我實現、自我決定朋友、自我決定金錢使用、自我決定上網時間與瀏覽的網站。每個經歷過孩子這種「給我一次自己決定」的要求的父母親，我很希望你們與孩子的事件中沒有發生無法承受的犯錯結果。不過在放手的過程總是讓為人父母者產生危機感，因為為人父母者總擔心那種負擔不了的成本。

案例一

經理：「Nilson你知道你今天的遲到讓客人等多久？要不是我一直賠不是，找話題與他們聊天，我們今天肯定完蛋了。」

Nilson：「反正沒事就好！」

經理：「不是沒事就好！如果因為你的個人行為導致客戶流失，怎麼辦？你知道我們公司從上到下為了爭取這個客戶已經有一個月了。」

Nilson：「反正我下次不會遲到了！說來也不全然都怪我呀！誰知道會堵車，更何況公司本來就應該知道風險呀！不應該全指望我啊！」

案例二

設計經理：「嘿，Peter你為何又犯錯！不是告訴你黃線接紅線、藍線接綠線嗎？」

Peter：「是我不小心啦！」

設計經理：「可是你已經造成公司兩次損失，一是把客人機器燒燬。二是我們要多付出比原訂更高的成本。」

Peter：「我本來就是新人，你應該要double check，不可以全怪我。」

設計經理：「你意思是要我注意你是否有短暫的選擇性色盲嗎？」

Peter：「那是你說的，不是我說的。公司本來就應該有預算與空間讓我們犯錯呀！總經理不是常常要大家不要讓錯誤白白發生，而是應該向錯誤學習嗎。你幹嘛那麼生氣。」

新與變才是我

在青春期階段，個人的基本判斷能力大致都已經具備，所以皮亞傑（Jean Piaget）覺得個人發展到十二歲已經進入了成熟的形式運思期。那是一個已經擁有「能對抽象事物進行運思，將各種變數或變因作不同組合，而從純粹的假設演繹來推知結論」能力的階段。雖然沒有證據顯示，個人的創新能力發展啟於「形式運思期」（period of formal operations），不過根據對型式運思期的活動與能力的描述，與創新的過程非常的類似。如果這個推論是正確，那麼青春期孩子喜歡新與變也就不足為奇。

對許多教育者或主管，非常重視固化理論，認為人的記憶力如果沒有反覆練習，是無法進入長期記憶區（LTM），更無法再進行高階的腦部功能，予以分割、重組與分類，也就難以形成認知甚至產生基模（Schema）。似乎這樣的想法也沒什麼問題，所以我們記得，多練習肯定可以提升你的學習效果。所以這些人並不完全認同不用練習的新與變。

我們可以透過企業的創新過程來討論這個看似衝突的問題。有許多人，包括企管書籍，總是認為創新對企業的生存具有決定性的影響。不過我個人並不完全同意。從企業的觀點來看，原因有三：

一是盲目的創新、或是與組織不相稱的創新未必比不創新來得好。雖然不重視創新，可能使企業最終仍會死亡，不過至少可以多活幾年，尋求其他創新的機會。不要忘記，對企業來說，機會是有價的。

二是許多的創新並不是一般人想像的完全顛覆，它往往是經驗的累積，也有脈絡可尋。

三是創新不是馬上脫胎換骨，可以一夕決定失敗或成功。在台積電（TSMC）的晶圓代工業務被公認是一個創新時，該公司已經成立超過十五年之久了。

事實上也有不少的研究發表，支持創新的過程很可能是一種學習過程。所謂靈機一動與天外飛來一筆的創意，其實大部份都源自於對問題的深刻反省與理解，才比一般人有較大的機會提出好的創意。但是對青春期工作者而言，他們喜歡的新與變，往往只是在強調標新立異，他很可能只是在反應對企業現階段的制度、價值與文化的適應不良，或是不認同的一種反向作用。

我個人從年輕時當工程師，到今天已經擁有超過三十個以上的發明專利，因此我也主持過幾場腦力激盪（Brain Storming）會議。我並不覺得好的創意的提供者，大都來自職場新鮮人或是較年輕的員工，其中的原因，我判斷是練習不夠。所以，這個現象讓我思考，職場青春期工作者只是喜歡用不一樣的思考與工作方式，來證明他們的單一性與獨特性，並不是什麼新鮮的概念。而這個問題之所以被放大，很可能是來自主管本身的認知。因為主管接受了統一化的工作方式與流程，對於青春期員工的工作型態與價值取向，也套入一個本書一開始提到的「N世代都是這樣子」的刻板印象，卻不自知。

回到前面提到的捷思問題。曾有一位心理學教授，喜歡對學生問一個問題，如果我也把該問題拿來問你，你的答案會是如何？問題：

在一個一百人參加的宴會，已經知道有八十個人是律師，有二十個人是工程師。你被邀請進入宴會，隨機找了身邊一位人聊天，結果那個人的話題始終圍著iPhone的技術問題，他也對Nokia的作業系統Sybian有很大的了解，他分析非標準作業系統為何有人成功，有人失敗。接著你詢問他，為何你的iPhone最近老當機，他也拿起你的手機，看了一下，告訴你，你的作業系統該升級了。你詢問他，該怎麼做？他很有耐心的告訴你該如何使用傳輸線，該如何開啟iTunes，當然他會先確認你使用的是ＰＣ還是ＭＡＣ。

你覺得這個與你在宴會聊天的人是律師？還是工程師？

有趣的是，大部分的人的答案都是選擇工程師。因為我們的刻板印象決定我們對工程師應該有認知。不過，耐人尋味的是，站在機率的觀點，我們應該猜測律師，這可以讓我們的猜對的機率維持在零點八。

這個問題我也曾問過一家企業的受訓員工，大部份的人都選工程師，只有少部分的人選擇律師，在我沒有揭露機率概念前，我問了這些選律師的人，為什麼會選律師？一位看似很有主見，卻很年輕的員工告訴我：「因為你先調查工程師，那麼多人選的，一定是錯的！」

對沒有煙癮的十七歲青少年與四十歲的成年人，在聞到煙味的第一個反應是不同的，前者可能會猜測有一個老人在抽煙；後者可能認為是有沒教養的青少年在抽煙。當然我們無法證實是誰猜的比較準，不過畢竟年紀愈大的人，其經驗的累積所形成的認知基模是較穩定與較長期的。青春期的孩子也正因為還沒形成固化的認知，對態度、行為確實較容易改變。所以年輕人喜歡流行、追求潮流也就不足為奇了。

HR：「Gia，昨天警衛反應，妳在晚上帶陌生人進入office，妳應該知道這違反了公司的保密規定。」

Gia：「他不是陌生人，他是我男朋友。」

HR：「男朋友也是不行的，妳頂多只能讓他在會客區等妳。」

Gia：「他不是在等我，我是請他來幫我解決問題。妳知道我們正在開發的軟體系統，如果不趕快解決，大老闆一定會生氣的。我男朋友剛好有程式開發除錯的經驗，我請他來是借重他來幫公司，不是來竊取資料的。」

HR：「那妳應該先提出申請啊！更何況我們也完全不知道你男朋友目前的公司會不會是我們的競爭對手。」

Gia：「你放心，他一定不會對不起我的！」

當自己才勇敢

對經歷青春期的年輕人，因人生經驗的不足，很難理解最佳方案往往不是具有對立性，非黑即白的。他們較難接受權衡（trade-off）的現實方案。這使他們的主張要不是態度簡單與鮮明，就是另一種完全相反的情形，掉入一種「無策略目的的權謀」，只是為了成事而成事。例如在談判中出現的議價行為，常常是將報價與出價相加除以二，做為最終價格。這種態度常被解讀為少不更事，或是格局不夠大。

不過說穿了，這不過是青春期工作者的嘗試行為之一，目地在找尋自我的定位與角色。對家長或有經驗的同仁給予的世故建議，常常不太容易獲得他們的青睞，就如我的一位工作夥伴說的：「這不是我的風格。」

刻板印象（Stereotypes）專指人們對某特定類型的人、事或物的一種概括看法，並以此作為評價該事物的標準，是我們認識新事物時經常出現的一種現象。當我們對一個團體的成員有了一定的想法，便很容易把對某成員的判斷應用在團體內每一個成員身上，無視他們之間的個別差異。心理學家艾波特（Gordon Allport）形容刻板印象是「最不費力的規則」，也就是說，世界太複雜了，我們很難對每事每物都有很仔細的了解，因此我們會對某些事作出較細微準確的看法，而對其他事情則作比較簡單的概括。不論是正經歷職場青春期的工作者，或是正經歷因職場青春期員工煩惱的經理人，對自我與對方的角色定位，多多少少都被其刻板印象所影響，當然是正面影響還是負面影響，取決於以往的經驗與其在職場上遭遇的情境而定。

不過以現在組織氛圍，對立與衝突似乎是迴避不了的現象。因此我們接受「草莓族」的刻板印象。當職場年輕人以異於一般員工方式表達情緒、價值與判斷時，一說草莓族，幾個經理人就會相視而笑，若有所悟的齊聲說：「難怪！難怪！」。相同的，職場青春期員工動不動就將主管歸類為「機車族」，在受到主管指責時，對他的朋友同儕敘述時，「機車」成為他們快速理解上司、表達情緒的一種共通語言。

我們承認，每個人都是獨特而且獨立的。每當我們反抗外部的壓力，努力表達自己的意見，堅持忠於自己時，內分泌便自動協助我們產生一種生理的支持系統，讓我們不自覺的繃緊臉頰肌肉、瞳孔放大、心跳加速。我們會常常誤以為這種反應與情緒稱為勇敢。所以我們常會把奮不顧身跳下海裡或火場裡救人的人，歸類為勇敢的典範；有趣的是，當你問這些人，你為何這麼勇敢，他們大都回答你：「在那個危急的情況，我只想到有人需要協助，其他沒想那麼多！」不過，我們可以從以往被視為勇敢的案例中發現，勇敢包含了忠於自己與高尚的品格。

在職場中，工作者常常會被一些不體貼、不合理的規則要求，我們可能要能分辨「說NO的勇氣」與「說YES的勇氣」。它們都是要你忠於自己，但要判斷這到底是不是社會公認的勇敢展現，情形則變得複雜的多。以上面火場的例子，你可能覺得「應該」衝進去救人，但是你沒把握，在考慮自身的條件下，很可能你反而成為需要被救援的人，所以你選擇原地不動。我們大部分的人都可能做這樣的決定，這是忠於自己的選擇，但沒人會把我們這種忠於自己的行為視為一種勇敢。不過誠如我在本節一開始提到的，我們常被相同的情緒混淆，認為與老闆對立，與企業反抗，需要足夠的勇氣，所以把這種許多動機與行為引發的相同情緒解讀為勇敢。不幸的是我們的媒體也起了推波助瀾之效，讓我們閱讀大眾在不經意的過程中，接受了「只有做自己，我才是勇敢。」我們看到廣告，一位年輕女性工作者不理會老闆的制止，一直倒咖啡到已經溢出滿桌的杯子，然後以報復完、自信的神情離開；我們看到偶像劇《不良校花》，天真的以為美國客戶只重視妳的個人報告熱忱，而不重視你的外語能力；我們看到一堆校園招募新秀的節目，不停有女孩強調「勇敢秀出自己」的人生態度，但表演的才華盡是挑逗、煽情的舞蹈。

在俄羅斯有一個節目《赤裸真相》，該節目內的採訪記者都必須裸體出門採訪。而該節目的主播曾說：「我覺得最難的是，邊報新聞邊脫胸罩，因為我平常根本就不穿胸罩。」

給我肯定其餘免談

對職場青春期的員工來說，能否得到來自外部的認同是非常重要的。如何讓他們不在這個階段迷失，找到自己的角色，攸關他們是否能穩定的在崗位上投入。請記得，「幫助自己定位」是此一階段的重要發展任務。如果發展失敗，將產生認同的危機，但因其已經具備了基本工作的技能，對以專業技能導向的職場生態，他們是非常容易以離職、轉職，或跳槽去尋找新的認同。根據一份人力資源的調查，員工最常轉換工作領域是在第一個工作後，也就是說，在從學校畢業，進入職場時，第一份工作產生的認知落差有可能是最大的。這個情形就像是有非常多的翹家少年，因為自己個人在家庭中難以找到認同，進而傾向往外尋求朋友的認同，這樣的階段非常容易因追求這種歸屬感而在外逗留不歸，甚至於離家出走。

對企業的經營效能而言，離職率是一個重要的指標。因為投資在一位員工身上的成本遠遠超過員工取得的薪資。二〇〇七年《Career雜誌》曾有一個調查，影響員工離職最主要的原因分別是：「待遇低福利差」（52.74％）、「公司制度不佳」（40.30％）、「工作沒有成就感」（39.64％）、「沒有學習成長的空間」（39.29％）、「與主管理念不合」（35.83％）。這五大原因中就包含了三項明顯與「是否認同工作與企業」相關。不管對青春期的孩子，或是職場青春期工作者，他們普遍都喜歡認同能肯定他們的人或團體。

經理看著Carol第一次繳上來的客戶提案報告，一絲憂慮從心頭慢慢升起，他想著：「這個提案客戶會買單才怪！」、「一點誘因也沒有。」、「我還要花一些時間重寫。」就在他帶著責備的心態拿起電話要Carol來見他時，他忽然改變了立場。

Carol：「經理，你找我是有關於我寫的報告嗎？」

經理：「Carol，我認真看了你的報告，我站在你的立場讀了又讀，我覺得你的頭腦清析，也能抓住重點。」

Carol不敢相信的看著他。

經理：「從這份報告，我可以看到你的思路，也感受到你的熱情。現在我要給你一個難題。」

Carol有些不安，又有些激動的說：「請經理告訴我。」

經理：「我要你從客戶的角度來重組你的報告，很簡單。你要想一想，如果站在不同的立場，這份報告可以產生哪些不同的結果。」

Carol若有所悟的點頭。

經理：「所以準備這份報告，要你學到最重要的一件事，你發現了嗎？」

Carol：「學會以客戶的觀點來看我們的產品。」

經理：「哈！你很聰明，一下子就猜對了。如果對這個學習你有困難，你可以到技資室借一些以前同仁寫的報告參考，我等你的好消息。」

脆弱的責任感

曾有一個企業主告訴我，企業最怕的其實不是員工犯了錯；真正令企業主憂慮的是犯了錯卻無法負責任，進行善後與補救。一說責任，大家都會說「知道，也很清楚」。不過在此我將責任細分為兩類。我們一般知道的常常只是表面上的責任，我稱它為第一類責任，它是一種脆弱的責任感，因為它並不涉及你的太多個人利益。不過再談這兩種責任之前，我們可以先看看最近流行的管理學上的當責觀念（Accounti-bility），這個觀念的提出也是因為光談第一類責任是不夠的。二〇〇九年七月號《經理人月刊》第五十六期，對當責提出了一個定義：

> 要完成「自己承諾的事」，為最終成果負起完全責任，就算有不可抗力的意外，也不能擺出「我責任已盡」的態度，依舊要說明原因、提出解釋、設法解決，讓推拖到此為止。

從管理面向的當責，我們可以看到幾個特質，目標明確、使命必達、狀況排除、危機處理、控制風險與道義責任。我把當責稱為履行了第二類責任。

如果我們把這場景移到正在經歷孩子青春期的家庭裡，有不少父母們擔心孩子的上網時間過長、結交不良網友，與個人資料是否外洩，何況已經有太多孩子把不合尺度的不雅照刊登在網路上供好友分享，卻不知已經散播出去了，這種實際案例層出不窮。但是，如果只是為了擔心，我們一味限制孩子的上網時間、上網時數與瀏覽的網站，總會引來一連串的爭執，最終常常演變成鬥氣與吵架。有一些親子專家告訴父母，必須要與孩子訂定共同的規則，三申五令，並且講清楚說明白，然後告訴他們，這是他們該學會負責的時候了。可是爭吵總在孩子緊握滑鼠的時候發生。如果事情真的這麼單純，家長也就不用再費心了。我認為這種青春期孩子所給的承諾，只能算是一種脆弱的責任感，並不是真的當真。

為人主管者，免不了會像我一開頭提的企業主一樣，為什麼職場工作者給的承諾常常是脆弱的、無法面對不確定性的、輕易選擇躲避的。在這裡我們必須面對責任的第二個部份：對非預期、不確定性，與引發危機所必須負擔的責任。我們可以看到社會上發生了很多人為的重大事件後，總會有政府相關單位中，該負責的政務官，下台以示負責，這種辭職的行為充其量只能稱為第一類責任。因為我們已經習慣聽到：「這是一個意外，一個非我預期到的問題，也是任何人都可能遭遇到的不幸事件。不過，為了表達我負責任的態度，我選擇辭職。」如果我們仔細推敲這一段話，它在暗示我們，他只是一個不確定意外下的犧牲者，他並沒有犯很多錯，只是倒楣，因為任何人都可能會遇到。所以我們從這位公務員身上看到的只是一種經不起考驗的責任感。我們也很難釐清到底辭職是負責任還是逃避。

我們也可以先將場景拉到青少年網路沉迷的現象，來探討第二類的責任，我們可以稱它為完全的責任。以一個與家長事先約定好網路使用規範的青少年Tim。遵守規則、控制自己欲望、完成交換性工作（如洗碗、倒垃圾等等），這些約定本來就應該被履行。可是總有一些不確定性事件會發生，它很可能是「昨天停電，所以今天可以要求兩倍的上網時數」、因為「學校要查的資料太多了」、因為「網路速度太慢了」、因為「這是最新的線上遊戲，我只是先試一下」，還是因為「再不上網我的寵物積分歸零會使它死亡」。這些表面上使得規則被違反的「合理」原因，都會帶來了一些非預期的破壞，例如功課寫不完、接到陌生詐騙的電話、親子關係降至冰點、找藉口逃避，甚至是說謊。對這些非預期的事件發生，我們都必須付出「代價」。這些代價可能是，熬夜寫作業、更改家裡的電話號碼、甚至從此把網路切斷，當然還很可能包含雪上加霜的親子關係。深藏在整體違約事件的背後，我們正面臨負完全責任的必要代價，雙方的互信基礎、個人的道德慾望、家庭的價值，與如何讓孩子學會真正的負責任。不論是表面的第一類責任幫助我們趕快處理突發狀況，解決問題；或是第二類責任幫助我們解決影響更久遠的人際關係與角色定位，這兩者都需要靠我們累積經驗並透過家長的鷹架，協助孩子新的的認知系統，以承擔未來的責任。

在孩子形成負責任的認知系統裡，因為比較少的家庭會留意到，第二類責任也是需要學習與建構的，使一般人忽略了在責任中對不確定性事件的承諾、傷害的控制、道義的責任、人際關係，與合作關係。所以我們可以看看以下的個案，了解普遍存在於職場青春期類似的脆弱責任感。

Leader：「這次的開發案，我知道大家都很辛苦，但是很不幸，有人因為得罪了對方採購，導致我們的訂單下不來。」

Victor：「我知道你在說我，問題是我哪裡知道那個女的是採購。」

Leader：「就算你不知道，你也不用亂說成本，讓她知道去年我們從他們身上賺不少。」

Victor：「我知道錯了，我也感激你給我機會去負責這個開發案的推銷。事後我已經得到公司同意在今年給他們優惠，作為補償條件。我也會盡最大的可能去向他們解釋。但我不知道我還能做什麼？」

Leader：「我知道該做的，我們都做了，你還是去跟客戶解釋清楚。我們今天只是要來談一談這樣的錯誤讓我們付出不少成本，以後我們要怎麼防止它再度發生。」

Victor：「……」

隔天，Victor提出辭呈。

在上述的個案中，顯然Victor已經做了必要的危機處理，雖然似乎他不感謝這個折扣可能是主管幫了他的忙，但是在深層的認知上，Victor並沒有第二類的責任認知。他無法接受別人拿這樣的事件當成一個討論的議題，他覺得自尊受傷，甚至產生了「我已經負責了」與「為什麼還要被檢討」的認知失調。當然如果這位Leader夠體貼的話，他的開會議題可以不必當下檢討錯誤，而是聚焦在先肯定Victor與企業好的危機處理能力，再來討論如何避免。不過最後，Victor還是選擇了解決失調最快的路徑——改變外在壓力與環境。所以他決定離開這家公司。令人遺憾的是，到最後他仍然相信一個認知：我已經夠負責任了，因為我連工作都可以不要。

孤獨感

對青春期的孩子來說，在摸索自我角色與價值時，為了得到外部團體的認同，他們較傾向於照單全收來自同儕的團體價值。這個外部的價值一旦發生了與家庭價值相抵觸的情況時，他們也會產生一種心理上的失調，引發壓力。這種情境會讓他們在家庭中產生一種孤獨感，覺得不被了解、不被尊重、及不甘於就這樣的情緒，甚至引發恐慌。

譬如在青春期的孩子身上，我們常會發現人際關係的退化（不過有心理學家認為這是進步前的曖昧行為）。他們會因角色認同問題引發強烈的自我本位，而產生一種觀眾錯覺（Audience illusion），認為很多人在注意他們，進而產生交際態度的曖昧不明與壓力，所以對他們小時候叫叔叔、阿姨的朋友長輩，很容易在進入青春期時，出現一種行為：不理睬、裝陌生，或刻意迴避這些曾經親暱過的人。這是一種為降低自身因觀眾錯覺產生的失調引發的防衛行為。這種行為一般人習慣以尷尬期來稱呼。

因觀眾錯覺引發的孤獨感，在職場上大都發生在因自我角色遭遇到很大的認知衝突時會發生。例如平常主動建議的員工，忽然在會議中不再發表任何意見，而當事人自身則陷入一種孤獨感，不再覺得自己是企業的重要分子，自己的影響力可有可無；或者不想再提供自己的任何意見。因為他們找不到自己的立場與角色。這種孤獨感的情境，我們也同樣可以在職業倦怠（Burnout）的員工身上發現，他們會在企業活動選擇精神上的抽離，甚至開始遲到早退，不當請假。但兩者引發因素是不同的。對陷入職場青春期的工作者而言，出現短暫的孤獨感，並沒什麼不好，猶如一些心理學家看待尷尬期一樣，是一種成長前的短暫現象。如果可以重新找回自己的定位，透過自我成長或是主管的介入，都有可能重新燃起工作的熱情；相反地，如果長時間陷入這種失調，無法脫困，壓力源是不會自行消失的，最常見的選擇結果，就是被迫改變環境。

失調

在前幾節，我一直引用了失調的觀念，在這一節，我們可以更進一步來認識失調的原因與行為。認知失調（Cognitive Disonous）的理論最早是由心理學家費思汀格（Leon Festingers）所提出來，用以分析與解釋一些較不具建設性的行為是如何發生的。該理論認為，當個體面對新的情境，必須表示自身的態度時，個體在心理上將出現新認知（新的理解）與舊認知（舊的信念）相互衝突的狀況，為了消除此種因為不一致而帶來緊張的不適感，個體在心理上傾向於採用兩種方式進行自我調適，其一為對於新認知予以否認；另一為尋求更多新認知的訊息，提升新認知的可信度，藉以徹底取代舊認知，從而獲得心理平衡。簡單的說，個人在兩個不同認知間衝突時，會產生信念與態度不同的行為。

在費斯汀格的著名實驗中，該實驗是要求三個實驗者執行一件既枯燥又乏味的工作。第一組是控制組；第二組是可以有一美元報酬的實驗組；第三組是可以有二十美元報酬組。觀察者獨立告訴第二與第三實驗組的成員：他們在實驗中被要求的工作，事實上是非常有趣而且重要的，並且要求他們將這個重要性傳遞給下一個參與實驗的人（實際上是另一位觀察者）說：這項工作的確令人高興和愉悅。而相對的控制組，則不對任何被實驗者發表任何意見，也不需他們對下一個實驗者發表任何看法。上述過程完畢後，要求被實驗者以（-5，5）之間的任一分數表示工作令人歡欣的程度。結果見下表：

條件	控制組（無報酬）	一美元報酬組	二十美元報酬組
平均估值	－0.45	＋0.35	－0.05

有趣的是，所有的實驗組都比控制組對工作有更高程度的估價。實驗的設計讓兩組都面臨了實際與他們自身認知的落差情境中，簡單的說，讓他們產生程度不一的失調。而其中第三組的失調比第二組更大；第一組則沒有失調。你或許眼尖看出，二十美元報酬組，為何對工作的估價卻比不上一美元報酬組？它用了更少的報酬反而能導致更大的態度改變，而更多的報酬卻傾向於堅持原有態度（控制組）的理由。費氏於是推論，在導致態度改變方面，較小的報酬比較大的報酬更有效果。因為「如果某個人被誘惑去做或去說某件同他自己觀點相矛盾的事，則個體會產生一種改變自己原來觀點的傾向，以便於達到自己言行的一致。用於引發個體的這種行為的壓力越小，態度改變的可能性越大；壓力越大，態度改變的可能性越小。」[5]

在此必須先說明，報酬大小對所引發的失調，而改變其行為的關係，不是我想要討論的重點，因為有部份心理學家的實驗結果顯然與費氏的結果不同。不過對於工作者在面臨，主管、上司、企業要你把工作視為有意義，或是快樂的投入過程時，對沒有職場充份經驗的工作者而言，都會多多少少產生失調。而失調愈大，也就是說對工作的要求與自我認知的衝突愈大，就愈會引發巨大的壓力。這也使得藉

[5] Festinger,L.and Carlsmith,J.M.（1959）. “Cognitive consequences of forced compliance” *Journal of Abnormal and Social Psychology*,58,203-211.

由行為的改變來影響認知的動機更低。

青春期是一個急須獲得團體或同儕肯定的發展階段，其認知系統也開始出現較大幅度的試驗與修正。有失調就有壓力，這種壓力甚至使人心理產生焦慮，引發生理上的疾病。發生偏差行為也就不足為奇了。

面臨職場青春期的個人，其產生的失調與青春期的孩子一樣頻繁，而產生的壓力也有過之而無不及。首先在傳統職場上，獲得薪資與勞力付出，往往被視為是一種對價關係；問題是現代企業對知識工作者的需求大增，這種以知識與薪資形成對價的認知標準，將更難有一個統一的標準。請你試著想想看，你是否有在家裡，或是在家庭旅遊的假期中，不自覺的想了一下解決你工作難題的片刻？那個片刻可是不支薪的。所以當你被要求補一張遲到五分鐘的請假單時，你是如此憤憤不平。

企業總是希望工作者能馬上發揮經濟效益、快速適應組織文化、滿足客戶為第一優先等等，這些許許多多的要求，都會與工作者原先的認知有差距。所以已經在企業長時間服務的工作者，其來自工作的新要求，產生的失調，就像一美元實驗組，壓力是較低的；但對於青春期工作者，因為對企業的了解不全，對於工作的要求，往往表現的像是二十美元實驗組一般，感受到非主管能體會的巨大的壓力。

主管：「為了趕在下週一給客人的樣品，總經理希望我們部門這個禮拜六、日要加班。」

Webber：「經理，可是我已經答應我女朋友去看電影了。」

主管：「電影又不會在本週下檔，你不能下週再去看嗎？」

Webber：「……，好吧！」

都是企業的錯

自從一九五八年海德（Fritz Heider）提出了歸因理論後，我們對個人的歸因偏差開始有了更多的理解。對發生在別人身上的外在事件，我們總能以自以為理性的態度歸因於他的內在因素。像是目睹別人遭遇挫折，總覺得是他個人不夠努力；聽說別人飛黃騰達，會隱約覺得是他運氣好。相反地，發生在自我身上的事件，我們總不吝於讓自己好過一點。自己遇到挫折，總覺得是老天不公平，讓我遇到別人遇不到的壞事；自己的成功，總也肯定自己比一般人努力。前者我們稱為內在歸因，而後者就稱為外在歸因。而造成個人產生的歸因判斷的誤差與偏好，就稱為自我歸因偏見（Self-Attribution bias）。

對青春期的孩子來說，學會面對自己，勇於承擔，是一個必經的學習歷程。我們也都相信，源於挫折的成長往往比一路順遂所帶來的反省與啟發更為深刻。就像之前提到的完全責任，在遇到挫折時，勇敢的面對與處理傷害，不以外在歸因為藉口，設法讓影響降至最低的過程，或許你會有心力交悴的感受，不過這些都會讓我們體會與學習到更真實的責任與知識技能。

設想一個情境，我們拿著剛領到的駕照，開著好不容易向老爸借來的紅色新車，載著朋友兜風，不幸因為我們對路況不熟悉，你被另一部車給撞上了。這個事件帶來關於基本技能的學習包括：「駕駛技巧的提昇」、「車輛ＡＣ柱產生的視線死角」、「與保險公司的斡旋賠償」、「與修車廠的討價還價」，當然還有「如何與父親談財務問題」。這些繁複的基本技能，我們可以透過個人經歷、詢問與上網查詢，一般都不難讓我們達成初步建構新的認知。

但是，這個事件隱藏的輔助技能可能更容易被我們忽略。「是誰的錯？」、「他故意撞我？」、「在朋友面前出糗，很丟臉。」、「撞我的人態度很差。」、「怎麼面對父親。」、「我哪來的錢去賠？」……等問題。

這些讓人容易形成失調甚至引發焦慮的問題，如果當下強烈感受到，以致於無法先被擱置，等待一段時間再思索對策，瞬間因失調所引發的異樣行為就不令人意外。所以我們可以看到車禍事故現場，在警方還沒出現前，兩造司機已經扭打一團的荒謬景象。當他們被帶到警局時，還不停互控對方先動手。這些當事人想以外在歸因來描述他遭遇的情境，降低他們的失調，卻無法逃避應該有的責任。

職場青春期員工對失敗的歸因方式，常常與企業的一般通則不同。他們會像一般人一樣，企圖以降低失調的行為來解釋在企業內失敗的經驗，但這未必貼近組織團體的共識。雖然透過豐富的工作經驗形成的認知，是可以降低這些失調。但是對職場滿腔熱血的青春期員工來說，經驗的不足正是他們無法降低失調的重大原因。當他們工作上遇到了失敗與挫折，在第一時間他們往往都無法妥善面對，而將一切的錯歸咎於外在因素。但對企業來說，危機的發生。當務之急是想辦法使企業蒙受的傷害減至最低，再檢討原因。這樣的標準危機處理流程並沒有嘗試解決員工的失調問題。企業的檢討目地有一點像學校老師的立場，希望找出學生不及格的原因，並嘗試改善。所以當這些員工在面臨企業的檢討時，大部份的青春期員工，透過檢討、修改流程並無法讓他們瞬間成長，建立新的認知。所以即使表面上他們承認錯誤是因他們自身的因素所引起的，但他們的內心深處，卻不是這麼想的，他們認為是企業讓他們揹上了黑鍋。

當然也不是所有的員工都會不幸遭遇到重大挫敗，而必須面臨老闆的數落與企業的檢討。不過換一個情境，如果是成功的經驗又會如何？我們會不吝嗇的將成功的功勞歸給企業嗎？還是免不了的相信成功歸因於自己。我們都知道個人常會有高估自己的貢獻的傾向，所以當一個專案計劃執行成功時，把整個計劃的成員個別找來，調查他們自評自己在計劃內的貢獻度百分比，再將成員的分數予以相加。結果分數將遠遠超過百分之百，甚至高達百分之兩百五十。所以下次當我們再遇到員工有這種歸因偏見時，或許我們應該以另一種觀點來看待，與其一再把錯誤歸咎於企業所造成，不如想一想在卡蘿・塔芙瑞斯（Carol Tavris）和艾略特・亞隆森（Elliot Aronson）兩位傑出的社會心理學家所著的《錯不在我？》（*Mistakes Were Made (but not by me) Why We Justify Foolish Beliefs, Bad Decision, and Hurtful Acts*）書中提到的一個故事：[6]

有個男人千里跋涉，想要請教世界上最有智慧的心靈導師。當抵達時，他問智者說：「喔，英明的導師，幸福生活的秘訣是什麼？」

6 卡蘿・塔芙瑞斯、艾略特・亞隆森著，潘敏譯，《錯不在我？》，繆思出版，二〇一〇年十月。

「好的判斷。」導師說。

「但是，喔，英明的導師，」男人說，「我要如何做到好的判斷呢？」

「壞的判斷。」導師說。

沒有錯誤的歸因，是學不會正確的歸因。

主管：「Mason，謝謝你對計畫的盡心盡力，使得專案通過審查，讓我們獲得政府的四百萬元的補助。」

Mason：「不客氣，這是我應該做的。」

這個表面的對話，潛藏了一個深層的危機，因為Mason在非正式的組織中，充分的強調了以下的言論。

Mason：「Maggie，你能幫我向主管爭取獎金嗎？」

Maggie：「為什麼？」

Mason：「因為要不是我對專案的不眠不休的貢獻，我們根本拿不到補助款，一旦拿不到，我們公司一定會有財務危機。」

盡是差勁的父母

在處理青春期孩子的不良行為時，在第一時間我們最容易聽到孩子們為這些行為所做的歸因，他們幾乎異口同聲的指稱都是父母、家庭造成他們這樣的行為。當然我們並不否認孩子的偏差行為，父母、家庭甚至老師與學校責無旁貸需要負起責任，不過他們真的要揹負最大的責任嗎？我們都知道對未成年的孩子，他的心智與身體並還沒完全成熟，所以在大部分的國家，仍然對他們萬一犯了法給予比較寬容的對待；但也有不少國家立法，要求他們的監護人也必須負擔責任。

對職場青春期的個人是如何看待企業與主管的角色？他們是否會像那些闖了禍的青少年一樣，在發生不良行為與失調時，將原因指摘為都是主管與企業造成的？而另外一方面，企業真的可以在事件中免責嗎？答案其實很明顯，傷害造成後，總是有部分的人習慣戴上「天真不懂事的面具」，來搏取同情，員工與企業皆然。只是不論企業再怎麼把錯誤的責任歸因給誰，它的責任並無法被免除，除非它斷然結束企業的生命，沒有一家企業不用為報錯價、品質瑕疵、不守信用、服務不佳等問題付出代價；但反觀工作者，他的錯誤歸因總是比較能為外人所同情與接受，因為大部分的人習慣同情弱者。但重要的是，在大部分的情形是，工作者是較容易選擇逃避完全的責任，最壞就是離職，而將問題留給企業自行面對。

有許多的人力資源專家總會建議新到企業面試的應徵者，不要隨便批評前任公司與主管。表面上的原因似乎是避免讓新雇主擔憂將來你也會這樣對待他；不過更深層的原因則是你離開前一家企業的動機，可能與你無法接受完全的責任有關。我曾經面試過許多求職者，他們述說離職的原因有非常多是：「發現企業快倒了！」、「公司業績下滑了！」、「公司有一堆人離職了！」。我也總會問他們：「公司有欠你薪資嗎？」、「公司對你好嗎？」、「你對公司重要嗎？」。答案讓我很沮喪，因為這些人其實都是企業的重要菁英，公司對他們算是禮遇有加，但卻在企業陷入低潮時，因組織氛圍不佳，或受到從眾效應的影響，不理性的選擇離開。或許很多人會說，不是這樣才是理性嗎？其實，許多的求職者並不清楚，在你求職時，前任公司經營不善，並無法為你帶來一絲加分的效果，反而帶來兩個疑慮，一是如果你是該公司的重要成員，你的能力並不足以力挽狂瀾；要不然你並不是被企業重用的人。另一個疑慮是，你是不願還是不能去負擔完全的責任？事實上，如果你是幫助前任企業渡過難關，甚至不幸成為最後留下來關燈的人，因為你的負責與信任，反而對你的求職大大的加分。畢竟有幾個人有這樣的境遇，並且願意勇敢面對的。

我們確實可以看到非常多的職場青春期工作者有忽視自己責任感的現象。他們會像當年的青春期一樣，把所有的責任由父母親來承擔。所以會有青少年寧願選擇結束自己的生命，只為了讓父母親後悔。我們可以理解青少年的困擾與心態；不過對一個已經成熟的工作者，如果你還是願意把責任全數交給別人決定，除了造成別人的困擾，更糟糕的是，我還想問：「你想成為怎樣的你。」

Chapter 5 給管理人的建議

一個在學術界稍有名氣的教授招待一位外國朋友去餐廳用餐，結果送餐人員的態度非常不佳，還潑出了湯。教授非常的生氣，覺得丟了他、餐廳與國家的臉，咒罵餐廳的服務品質，當場請餐廳經理出來訓了一頓：「你知道我們是誰嗎？去告訴你的員工，請她過來對不起，並且服務態度給我好一點。」。

外國朋友很擔心的說：「這樣好嗎？這樣強迫她來道歉，未必是真心的道歉。」

教授說：「沒關係！她一來我就當場給她一個國民教育。」

過了一會兒，那個服務員滿臉笑容的拿了甜點過來，對教授他們說：「剛剛真的很對不起！因為今天的排班服務員臨時生病，我從昨晚忙到現在，所以沒有注意將湯汁潑灑了出來。真的很抱歉。這是我們餐廳有名的甜點，我特別為兩位送過來。另外也請你們下次務必再來，我一定會更努力服務兩位。」

那位教授與友人都驚訝地看著天真又可愛的服務員，說不出話來。

教授決定主動去問餐廳的主管，到底他怎麼告訴這個服務員。

教授問：「你替我好好訓那個傢伙了嗎？為什麼她改變那麼大！」

經理回答：「不不不。我並沒有罵她呀，我只是告訴他，說你們希望她做事更謹慎，因為你們也曾打過工，很欣賞她自食其力。」

改編自網路故事，Benjamin Liang

接受失調

在之前我們一再說到提出認知失調論的著名心理學家費司汀格（Festinger）。該理論基本要義為，當個體在面對一個新的或陌生的情境時，個體有可能在心理上將出現與舊認知的衝突，令人不適。為了消除此種因為不一致而帶來不適感，個體在心理上傾向於採用三種方式來減輕緊張：一、改變自己對行為的認知。二、改變自己的行為。三、改變自己對行為結果的認識。例如，倘若抽煙導致認知失調，個體減少失調的方式是：停止抽煙，或改變對抽煙消極後果的認識。不過對於在職場上叱吒風雲多年的你來說，或許你會問「這本書是在談那些青春期的傢伙，不是嗎？是他們失調，不是我，幹嘛要主管做改善。」這是一個正常的反應。那我就先問你一些問題：

「這是誰的問題？」

「這是誰的問題？」

「這是那個不成熟傢伙的問題。」

「這是那個欠訓練傢伙的問題。」

「那影響了誰？這是誰的問題？」

「都是那傢伙讓我要花很多時間訓練他，讓我的時間運用亂七八糟！」

「所以這是誰的問題？」

「這很可能是……我的問題。」

在所有談青春期的著作中，我相信大部分都是為父母所寫的。這個結果會很奇怪嗎？如果你還是跟大部分的父母一樣的想法，認為這是青春期員工自己的問題，我並不覺得意外。當然，企業的角色不是父母，更不可能達到像父母一樣與自己小孩的強力連結。不過，就因為我們沒有這麼強烈的連結，更容易讓我們以更客觀的態度來面對同事、下屬所產生的困擾，也讓你有更獨立的立場去協助他們。在開始這一段挑戰之前，容我再提醒你，很可能當年、在你遺忘的過去，你抱怨的企業、不滿的上司、瞧不起的同事，曾經有人扶了你一把，讓你安穩的渡過那一段青澀歲月，如果你已經憶起，試著想想那個人吧！

建立關係

幾乎所有企業內的員工，都知道每間企業都有自己的組織與架構。除了能落實功能性的主從關係，還有兼顧專案性的權責分擔。不過在此我必須要各位思考另一些非正式的關係，譬如共同分享、共同成長、共同扶持的正向關係。這樣的關係，也可以套用之前提的基本技能關係與輔助技能關係來分類，前者常指的是組織內的正式關係；而後者則是組織內的非正式關係。

欲協助員工渡過職場青春期，協助者必須能與被協助者建立關係。如果以協助經歷青春期的工作者來說，透過正式關係來處理，常常是較困難與不易成功的。

就像青春期的孩子，他更重視朋友、想像觀眾與偶像的意見，並將這些價值視為自我表徵；對家庭這種正式關係的意見，常常聽而不聞，甚至採取完全相反的態度與行為。不過，身為主管也不用太沮喪，我並非否認正式關係的價值，但是因為角色的問題，容易混淆了員工所面對的問題，也更難介入協助員工找到自身的價值與認同。我們可以發現在父母與小孩的關係中，如果只維持一種單純的親子關係，對青春期孩子來說，常常會誤以為「父母的價值與態度，都是他們單方面自私地在滿足他們對我們的期待，偏偏我就是不想成為你們的樣板」。對青春期的員工，也多多少少會反應這樣的情結，由功能主管來協助他們，常常會被解讀為一種要求、一種規範；甚至是企業自私的追求自身利益卻不顧員工的利益的一種錯誤解讀。所以非正式的關係似乎較正式關係來得有利。

不過我們還是可以從許多的成功個案中看到，許多的聰明父母，能以彼此尊重的關係重新建立與青春期小孩的連結。而這種新關係的建立，不全然單方面在小孩身上，所以有許多的親子諮商師們指出，小孩青春期最需要改變的其實是父母。當然我也必須再次說明，所謂的彼此尊重，指的是建立在一個獨立有生命的個體，及身為一個人的價值之上，並非要你全盤接受他／她的任何態度與行為，否則父母不是因為擔心後果，而斷然拒絕小孩的請求，就是潰不成軍地全盤接受。所以身為青春期員工的直屬主管，請不要再沮喪或憤怒，與其無計可施，不如向成功的父母學習，學習彼此尊重，傾聽員工所想的、所要的、所認知的；當然我們也必須讓他們學會尊重我們所想的、所要的，與所認知的。學習建立彼此尊重的新關係，是身為主管的你必須精修的課題。

認同與接納

對正經歷管理職場青春期員工的主管或企業來說，困擾他們的事與擁有青春期孩子的父母是非常相似的。唯一的差別大概就是後者沒有選擇的權利，畢竟是血濃於水，是自己的小孩。而在企業裡我們觀察到最常見的處理方式不外乎：搬出企業規定，透過外部的行為制約來改變員工的態度與行為；或者以過來人的身分，知道只是一個過渡期，而睜一隻眼閉一隻眼的選擇不理會；最遭糕的情況大概是，主管或企業無法理解職場發展可能經歷的青春期，而用不適當的標準與溝通方式來改善、說服、甚至要求。就如同在親子關係上，以溺愛、百分之百地順他的意，與嚴格要求規定，都已經被證實對處理青春期的小孩是敝多於利，更麻煩的是，可能引發的負向行為，用來引起注意或表達抗議的行為，甚至於破壞彼此關係的行為，企業可以此為借鏡。

對這些企業的主管所採取的作為，我們並不意外，也不會批評，就像大部分的父母一樣，總會摸索出一套自行與青春期孩子溝通的方式，甚至什麼都不做，陪著他們渡過此一時期。我們也沒辦法提出一套公式，訓練主管，讓他們從此具備了處理這種員工行為態度的能力；不過我還是嘗試性的提出一些建議，一來讓企業能審慎面對這樣的員工，給他們機會與認同；另一方面也重新評估自身的企業文化，能否利用外部的力量，協助主管也幫助員工渡過此一尷尬期。

任何溝通的開始，都必須能產生同理心，而同理心的產生則需要認同與接受。不過別誤會我的意思，認同與接受並不是要你改變價值觀，變成跟對方沒有兩樣。我們可以認同有兩個甚至更多不同的價值觀存在，我們承認也理解，為何他會這麼想、為何他會這麼說、為何他會這麼做。同理心的建立是重新看待員工非常重要的一步，無論員工在那一個發展階段，用他們的高度、視野與情境看他們的動機與行為是至關重要的。這也是一般管理者必須學會的一門功課，比較令人遺憾的是，企業主管常因客戶是付錢的人，而容易理解客戶；卻對支領企業薪水的員工，很難產生同理心。大部分成功的企業，其企業文化幾乎都是鼓勵追求客戶滿意度與員工滿意度，而這兩者常常是同一件事，高的員工滿意度自然會造就高的客戶滿意度。

改變動機

動機一直是被管理學者推崇能帶動工作者達成績效目標的原動力，所以增加員工的動機變成一門專業的學問。從以獎金、升遷、讚揚、肯定等等的外顯行為，對工作者動機影響的研究，佔去了管理論文中的一大部分。只是在這當中普遍存在兩個問題，一是當我們把結果鎖定在最容易被觀察與量化的績效表現（如業績成長率、完工率、滿意度、專利數等等）時，我們是很難直接推論因果關係，認定高獎金報酬一定可以帶來強烈動機，進而提升績效。因為影響績效的因素太多了，包括外在經濟環境、競爭策略、產業特性、對手能力、投入資源、甚至天然災害與戰爭等不確定性因素，在不將其他因素固定的前提下，我們並無法直接推論增加誘因的行為帶動了多少成效。我的企業曾經在一年內，接連有超過十位同仁家長在一年內相繼過世，對員工請喪假的行為，不可能不會造成企業的影響，但這也是企業必須要能體諒與面對的。第二個很難直接推論企業績效的原因是時間，有名的學者柯林斯（Jim Collins）在其著作《從A到A＋》中提到的成功企業，與十年後另一本著作《為什麼A＋巨人也會倒下》（*How the Mighty Fall—and why some companies never give in*）[1]中比對發現，依然持續亮眼的並不多。其原因顯然是觀察的時間不足。不過在此也得提醒，一旦時間拉長，問題將重回第一個困難，影響的自變數將只會增加不會減少。

我們可以理解管理者對提升企業績效的渴望；不過也請你想一想，為人父母者，在你與孩子親密接觸時，你總會注意到小孩的獨特性，夢想有一天他／她長大後的樣子，或許只是你對自我的期待所產生的投射；一直到小孩成長到了青春期，你才真的開始學習與一個住在你家獨立的人交往，學習去接受他／她的優點與缺點、喜歡與厭惡。神奇的是，當你放棄將自以為的期待施之於小孩的態度與行為後，反而容易促進家庭的緊密連結，達成較美滿的親子關係。訣竅不在強制附予小孩動機，而是在改變你的動機。

以下是發生在我家的真實例子：

Helen整個禮拜都在忙學校的活動，也因此她在這個禮拜內完全迴避掉原來她該負責的家事。而她的母親，雖然理解國三的她功課繁重，但是她仍然堅持必須分攤家

[1] Jim Collins著，齊若蘭譯，《為什麼A＋巨人也會倒下：企業從卓越走向衰敗的五個階段，以及如何谷底翻身、反敗為勝》，遠流出版，二〇一一年一月。

事，因為人生從來沒有「有空」的時候，尤其當罹患阿滋海默的祖父在喪偶後搬來與我們同住的這個階段。所以因家事、功課的爭執陸陸續續在我家上演。那個星期天，Helen與弟弟Maxwell正在看喜愛的電玩節目秀，他們的母親要求Helen去倒垃圾。

Helen：「你很煩耶！我正在看電視，等一下我再倒不可以嗎？」

Mam：「不可以！如果妳現在在唸書我就不會要你去倒垃圾，問題是妳在看電視。」

Helen：「嘿！倒垃圾本來是Max的工作啊！妳為什麼不叫他？」

Mam忍住了怒氣：「Max，你可以先去倒嗎？」

Max：「喔！為什麼是我？昨天我已經幫她曬衣服，今天又幫妳吸地板！」

這個爭執的中場不是我太太不情願的自己去倒了垃圾，而是她對她女兒的藉口與偷懶，已經生氣了一整個禮拜，又沒人體諒她還要照顧一位失智的老人，她情緒失控的決定體罰她的兩個小孩。

在我出面要求暫停二十分鐘後，我試著傾聽Helen與Maxwell的想法，在表面上看來他們的自動化思考，啟動了他們的認知：

「我只要有幫忙倒垃圾就好了，為什麼要控制我的一切，包括我的時間運用。」

「不公平，為什麼我要一直協助Helen呢？」

前者的認知犯了以偏概全的錯誤推論，而後者則是犯了個人化的推論。這都屬於認知心理學的自動化思考與錯誤的認知推論，我們會在後面有更詳細的敘述，在這裡我先簡單的分析這兩個錯誤的推論。以偏概全的問題在於無法跳到更高的制高點看整起事件，也無法深入了解全部人的處境與認知，便以狹隘的個人認知來推論全部的事件本身。Helen忽略了一整個禮拜的家事都是別人協助的事實，卻只注意到狹隘的時間問題。而Max的問題呢？不公平的推論是我們常常會遇到的情境，也非常容易帶給我們不滿的情緒。問題是何謂公平？單純從個人觀點，以個人遭遇到的問題來推論公平，就是陷入了個人化的盲目推論，於事無補。Max真正要幫忙的不是Helen，而是他的母親，只不過他以Helen與公平做為不幫忙的藉口。

這個親子糾紛，終於在同理孩子的想法出發，再讓他們學會同理母親的想法處境下，達成一個算不錯的解決。我與我的太太在處理這件小糾紛的差異就在，她急於改變小孩；我則是選擇先從改變自己開始。（當然，我不是衝突的直接面對者，總是可以理性的處理，不過這並無損適合的處理方式本身。）

急於改善企業績效牽涉的內容複雜、廣泛與多元，處理好員工的動機並無法保障你的願望能馬上實現。先改變為人主管的動機，反而是務實的第一步。我們在面對青春期員工的問題時，請切記，「好的動機可以讓我們清楚我們的角色」、「為他人著想的動機可以給我們耐心」、「將對方視為夥伴的動機可以給我們信心」。這些從自身出發的動機，我相信反而可以帶來你意想不到的結果。

消弱與增強

行為主義的制約觀點輔以增強與消弱的看法，常常遭遇到「主張人是可為自己負責的獨立個體」的人本主義所反對。不過，我們也無法否認行為主義的理論對個人認知的建構，還是起了一定的作用。自從道格拉斯・麥格雷戈（Douglas McGregor）於一九六〇年代提出了工作者的X—Y理論，認為員工可以粗略二分為X-type與Y-type，而對這兩種行為模式，企業可以採取全然不同的管理手段與政策，來追求企業的有效運作。不過難就難在人本主義論者的觀點，人可以變、也可以再追求成長。這使得企業去了解自身的產業、所需的技能、所塑立的文化，都變成必須先具備的自知之明，否則胡亂追求企業顧問所提的建議、胡亂學習成功企業典範的管理制度，都改變不了企業營運優劣的命運。

對正逢職場青春期的員工而言，企業很難依照X—Y理論的方法來改善其工作狀況。因為一味的透過獎賞來鼓勵其正向行為，以處罰來制止其負向行為，說實在的，與典型父母對青春期小孩只用肯定或只用挫折一樣，難以有效果。有很多的企業像一般的美國父母一般，深怕漠視與挫折會讓小孩喪失信心，沒有自尊，而採取全然的肯定與讚美，這樣的行為也已經被證實對小孩自尊與自信的建立是沒有幫助的。

在此，我必須強調，我並非反對企業主張的賞罰分明、永遠淘汰績效最差的百分之五員工、或是永遠以肯定、讚美自許的學習型組織等等的制度設計。而是除了正向行為的正增強與負向行為的負增強可以改變員工的行為與績效外，還是存在許多可能去修正或改善其態度的行為與方法。譬如行為主義的消弱（extinction）與辨別（discrimination）。[2]人類的行為與認知就像我們的記憶，從短期記憶STM到長期記憶LTM一樣，是可能遺忘、重組、詮釋甚至改變。曾有心理學家對九一一事件當天下午的實驗者，請他們自行寫下，當飛機撞上雙子星大廈時，他們正在做什麼？誰告訴他們？在現場有那些人？當時的氣氛怎麼樣？這本來是一個在考驗心理

[2] 在行為主義學派的觀點，認為人有許多的行為是被制約的結果。而制約的形成可能透過增強（reinforcement）與類化（generalization）而形成刺激與反應間的正向聯結；也可能透過消弱（extinction）與辨別（discrimination）而產生負向聯結，最後到無反應。

學家提的閃光燈效應（flashlight effect）[3]對長期記憶的影響的實驗。十年後，這些實驗者，重新被要求把十年前的九一一事件當時他的情境再描述一遍，令人意外的是，前後十年的記憶差距非常的大，連散播消息的人從同學室友變成自己也大有人在，麻煩的是這些人即使重讀了一遍他們十年前寫下的內容，他們仍然深信現在的記憶才是正確無誤的。

所以對員工表現出青春期的行為與態度時，除了正負增強的手段外，請接受隨著時間，這種在組織文化、在群體間不適當的行為與態度，會產生消弱的作用，並且因為沒有伴隨正向增強的發生，隨著時間，也自然會產生質變，不論是消失殆盡，還是像我們大腦的遺忘、重組、詮釋等高級作用，產生了好的改變。

3 閃光燈效應是指震撼的事件，容易使人留下深刻的記憶。在閃光燈效應之下所產生的深刻記憶，稱為閃光燈記憶（flashbulb memory），閃光燈記憶所得者，多半是與個人有關的重要事件。

改變我們的認知

知名心理學家艾利斯（Albert Ellis）曾經提出ABC理論，A代表外在事件，C代表我們產生的行為反應，關鍵的B代表我們的信仰與理念。常常我們以為行為C的發生肇因於刺激A的產生，事實不然，艾利斯認為，事件A是無法直接產生C的行為，是我們的信仰與理念B造成了行為的發生。問題在外部發生的事件，考驗我們內化成型的信念，因信念與認知的衝突，才產生了行為。譬如，凱莉在戀愛過程中，一連被三個男友欺騙，因此她開始變得不太相信男性，也出現了自卑的行為，這樣的行為其實反應了該女性的堅實信念：我會連續被騙是因為條件不好、跟我以前聽朋友說的一樣，男人都不可靠。如果改變了她的信念，變成：**「他們會騙我，是他們以為做了對不起我的事，怕被我發現、他們欺騙我的行為跟我以前聽朋友說的一樣，說謊的男人不可靠。」**

當你的信念改變了，認知也就改變了，接著引起的態度與行為也就不一樣。艾利斯把這種引發我們壓力、產生不良行為的信念稱為不理性的信念，常見的不理性

信念有以下十種：[4]

一、我必須被我認為重要的人所喜愛和肯定。

二、我必須徹底證明自己的能力和成就，或必須在某些重要領域中具備才華和能力。

三、當別人有令人生厭或不可理喻的行為時，理應受到譴責和懲罰，並應該將他們視為邪惡的壞人。

四、當一個人嚴重受挫，遭受不公平的對待或排斥時，必須把事情看成可怕、恐怖，並視之為一場大災難。

五、情緒不佳乃源自於外界的壓力，一個人鮮少能有能力去控制或改變自己的感受。

六、如果事情具有危險性或是可怕的，個人必然為之所困，並且會感到焦慮不安。

七、逃避人生的困境與責任總比面對他們容易得多，寧可不要得到自我規範所帶來的獎賞。

---

4 Jesse H.Wrifgt、Monica R.Basco、Michel E.Thase著，陳錫中、張立人譯，《學習認知行為治療：實例指引》，心靈工坊出版，二〇〇九年九月。

八、過去的種種都很重要，事實上，只要曾經產生過重要影響，都必定會不斷地影響一個人目前的感受和行為。

九、無論人與事都應該變的比目前更好；如果一個人無法找出人生困境的解決之道，就必須被視為是一件可怕又恐怖的事情。

十、凡是懶散，不行動或消極和不負責任的「自我享受」者，亦可以達成人生最大的幸福。

我們大概可以把這些不理性的信念分為四類：災難化、受不了、發命令、妄自菲薄。我們可以看以下的個案：

Jones：「老闆，很抱歉向你報告，我做到下個月底。你也不用慰留我，我已經決定了。」

老闆：「天啊！Jones你怎麼了？到底發生了什麼事？」

Jones：「沒有事！只是想換個跑道。」

老闆：「我能聽一聽你的想法嗎？」

Jones：「沒有想法啊！只是做得很累。」

老闆：「那能不能我給你休個長假，再來談這件事。」

Jones：「我已經跟我的家人都溝通過了，在這裡服務也很久了，真的很累了！」

老闆：「那如果我加你的薪呢？」

Jones：「雖然薪資沒有人不希望愈高愈好，不過這次真的不是薪資問題。」

老闆：「那是我的管理風格嗎？」

對員工的離職，尤其是重要的員工，沒有一位主管者不會焦慮的。每一位在主管生涯中沒處理過員工離職，還真的當不了一位成熟的主管。個案中，我們可以嗅到了老闆的不理性信念所導致的慰留行為：

災難化：天啊！這麼重要的員工走了，公司一定會很麻煩，搞不好還會有人跟進。

我受不了：不行！我無法接受這樣的事情發生，我一定要留住他。

發命令：我不管請假規定，讓他放假或加薪總比失去他或者讓別的公司得到他好。

妄自菲薄：一定是我在那裡得罪過他，或是我管理不良，才導致他要離開。

在此可以提供幾個簡單的技巧來改變我們不理性的信念，一是將「一定」、「應該」、「搞不好」等字眼改成「可能」、「或許」、「我擔心」、「如果……比較好」。二是將你的信念置於同理心之下，並用行為支持你的同理心信念。

去災難化：天啊！這麼重要的員工走了，公司可能會很麻煩，不過我需要聽一聽他的看法與其他重要員工能否協助企業面對這個問題。

沒什麼大不了：我可能要先接受這樣的事實，雖然我很想要留住他。

別下命令：他的累應該是真的，畢竟他幫了我這些年，現在我可以幫他什麼？

建立信念：這些年來，總有員工離職，理由常常當事人當時也想不清楚。我可以多聽聽留下來員工的意見。

善用企業文化

我們都曉得企業文化對一家企業的成功與失敗帶來決定性的影響。不過有人對企業文化認同度高；卻也有另一群人，正被企業文化壓的喘不過氣來。台灣的管理教授司徒達賢指出：「企業的生命力靠企業文化來維繫，強而有力的企業文化會幫

助企業度過成長過程中所遭遇的挫折與挑戰，使危機化為轉機。」[5]根據WiKi百科上對企業文化的定義：[6]

企業文化（Corporate Culture），是一個組織由其價值觀、信念、儀式、符號、處事方式等組成的其特有的文化形象。廣義來說，大至聯合國、一個國家、民族、地方政府、政黨、工會、學生會、小至家庭、朋友等，其實都稱為「組織」。但是大部分情況下這個概念應用於形容企業，或各種非營利組織的文化形象。

如果你對以上的定義深感困惑，我們可以把他簡化為「企業的性格特質」。當然這樣的類化還必須做一大堆的實驗、觀察與分析，才可以說全等或接近，不過為了方便一般人理解文化，我們傾向用bottom up的方式，即以「個人來看群體」的觀點來簡約問題。

我們常常會分析一個企業為什麼這樣做？為什麼那樣做？我們可以從許多管理書籍看到領導人的心路歷程、決策思維。這種把企業成敗的功過歸因於企業領導

5 司徒達賢著，《策略管理》，遠流出版，一九九五年。

6 http://zh.wikipedia.org/wiki/%E4%BC%81%E6%A5%AD%E6%96%87%E5%8C%96。

人優秀與否，我想這大概就是艾利斯的不理性信念忘了提到的吧！我也覺得應該把這類書籍歸在小說類。事實上，已經有非常多的管理文獻間接證明了企業文化對企業經營成敗的影響力遠遠超過領導人一己之力。當然我無意否定領導人的重要性，好的領導人充滿熱情、願景與洞見，能忍人所不能忍，能帶領員工實現企業目標，塑立典範，這些都是我們從優秀的領導人身上所看見的；不過沒有人會否認如策略專家包希迪（Larry Bosiddy）與夏藍（Ram Charan）在《執行力》（*Execution:The Discipline of Getting Things Done*）一書中提到的「企業不擔心沒有好的策略，但卻未必有執行力」。[7]而與執行力最相關的因素也非企業文化莫屬了。

對員工來說，企業文化像是一個社會的縮影，它會在員工心理上建構出一個新的知識體系，形成認知。在此我不想爭辨企業文化是否有好壞的問題，就像我們無法判定不同宗教的優劣一樣，而是聚焦在如何利用企業文化的影響力來協助青春期員工渡過此一時期。

在社會心理學的範圍內，心理學家常常會討論到利他行為（Prosocial behavior）。對企業而言，善用社會心理學的研究與發現是極為有利的。以利他行為

---

[7] Larry Bossidy、Ram Charan著，李明譯，《執行力：沒有執行力‧哪有競爭力》，天下文化出版，二〇一二年五月。

與從眾為例，試著以尊重青春期同事對事情的看法，去仔細傾聽，常常會發現他們對企業的認同會出現問題，常是因為利他行為的過度狹隘，例如有一些員工他們會為了幫助企業把專案做好，而引發如青春期的孩子一般爭取權力的動機。如果將其動機與行為予以分開討論，我們可以發現企業文化的價值觀還是影響了他的認知框架，唯一的問題是採用的行為出現了偏差，以上例來說，為了打破部門主義，讓專案能順利執行，自己採取行動可以視為一種利他的行為，但是除了以獲取更大的權力，以求名正言順的行為外，企業仍然是可以善用其利他動機，卻可以引導他產生不同的行為，如肯定他的看法與付出。

標竿行為與鷹架作用

我在之前已經提到了心理學家維高斯基（Lev Vygotsky）提出的鷹架理論，該理論主要源於維氏的近側發展區（The Zone of Proximal Development）概念發展來的。鷹架理論是一種學習理論，個人在主動建構知識的歷程中遭遇到困惑與無法理解時，依據維氏所提出的近側發展區理論，對我們目前能理解的部份是可以獨立建構的知識，然而對於理解較高的潛能發展，是需要經由有經驗者的輔導或其他高能力的同儕合作所決定的。[8] 一個學習者可以做的工作可以劃分為以下三個等級：

一、可獨立處理工作。

二、鷹架的需求。

三、需協助才可完成的工作。

當中的鷹架是一個介乎於學習者有能力獨力完成與沒有能力獨立完成的工作之間。他認為，假若沒有人協助學習者去把新的知識與舊的知識聯繫，學習者一般不能獨自跨過這個學習上的距離。這個距離，就是維基斯基所謂的「可發展區域」。

所以鷹架可以說是對一個個人在突破自我學習所建構的知識下，達成可發展潛力的一個關鍵與橋樑。對員工在進入職場短期間內，常常會因企業知識的建構停留在維氏提的第一階段：可獨立完成的工作。在對其完成的工作隨時間的演變，若無鷹架的協助，是無法使其在企業學會並發揮表現的最大潛能，更不用說具有分工與

[8] James V.Wertsch Associate Professor and Chair, "New Directions for Child and Adolescent Development", Volume 1984,Issue 23,p.7-18,March 1984.

合作的能力，適時尋求企業更多的協助與知識去完成「一件大事」。

問題是在企業內誰是適合提供鷹架的人呢？企業內的鷹架應該包括哪些知識、經驗與價值觀呢？對一位已經熟悉企業基本運作，對自身工作的專業性也有一定能力與知識的青春期員工來說，企業或許可以從兩個地方下手：一是教育訓練，二是標竿人物或行為。

我們先來談一談教育訓練，在企業內部不乏提供員工的教育訓練，不過問題是課程的設計，與欲達成的成果常常會混淆。對需要協助建構近側發展區知識與能力的同仁，互動式、操作式的課程似乎比較有利，一來可以帶動員工參與，二來可以與實務結合，最重要的則是方便因材施教。一體化、標準化與制式化的課程設計與安排，我們不能說完全沒有效果，只是回想我們的教育體制，應該不難發現，單方面的知識建構常常無法對還未遭遇問題與擁有解決動機的學生產生共鳴，除了考試的獎懲或許帶來一些成效外。另一種教育訓練則是工作中的學習（Training on Job），該方式常見於學習型的組織中，要配合好的工作中學習效果，指導員（Mentor）的設制是一個有效的方式，而指導員必須要清楚的了解，對員工的職能訓練，不應只偏重於職業上的專業能力，也就是基本技能（Primary Skills），如操作、製圖、設計、維修等；還應該包括輔助技能（Secondary Skills）如人際關係、企業願景、部門合作、禮貌與價值觀。

接著我們可以來談一談企業的標竿人物或行為（Benchmark），從大方向來說，符合企業最大利益（不單指獲利，有時賠最少的錢獲得企業形象也可能符合當時企業最大利益，如一九九〇年代末，默克推出的明星止痛藥偉克適（Vioxx），被證實可能引發心臟病，當時的執行長吉爾馬汀立刻宣布回收Vioxx，默克在六周內損失四百萬美元市值）、符合企業願景與使命，與企業文化契合的行為或行為人，我們都可以稱為企業標竿；從小方面來說，符合企業短期營運目標、帶動良性企業文化、堪為員工觀注與學習的行為或行為人，都可以稱為標竿。如果仔細觀察，不難發現企業的營運活動中，總有些時候，做了對的事、挑了對的人，所以產生了對的結果。我們可以表彰此種行為、個人或團隊為學習的標竿。當然，標竿行為與人物未必只在自己企業內部，在別的企業內也不乏可作為企業學習的個案，透過企業對這些標竿行為或人物的正向獎勵行為，可以為青春期的員工帶來如心理學家班度拉所謂的社會學習功能，使他們透過觀察與模仿，在陷入認同危機時，可以去思索「標竿人物會怎麼做？」、「什麼樣的態度與行為符合團體的期待」，進而修正自我的認知。

剛被客戶拒絕的Joe，拿著他辛苦了一個月的提案書，站在客戶公司的大門左側，不知下一步該如何？

「我可能會被老闆罵一頓，對，他就是喜歡罵人！只要客戶不滿意，他就愛罵人，也不想想我多辛苦多努力。」

「不過，他罵我也沒錯，畢竟是我搞砸了！」

「但話也不能這麼說，我的公司從來沒有告訴我客戶拒絕我時，該怎麼處理。」

「站在這裡發呆也不是辦法，我的提案到底出了什麼問題？真奇怪！投影片很吸引人，並且透過我的方式，客戶每季可以省下不少錢啊？試算表也很清楚啊！」

「或許我應該找人先幫我看一看的，問題是公司內有誰能幫我呢？」

如果這個情形發生在你身上，你的下一步會怎麼做？以你的認知，你已經很努力了，一切應該都會如願的發生；但如果一個不在預期內突發事件的發生，在認知不足的情況你會有什麼表現？像個案中的Joe，在他的認知中，他沒有準備好被拒絕，就更不用提危機處理了。如果能有一位資深的業務帶著他，當場了解客戶的需要，及時修正提案，即使最後仍然被拒絕，我們也會清楚知道三件事：

一、被拒絕的原因在哪？
二、客戶的真正需求是什麼？
三、我還需加強什麼專業能力與輔助技能。

這位資深的業務也就幫助了Joe建立起一個鷹架。當然這個案，很可能只是因為Joe沒有學會傾聽客戶的需求，而一味聚焦在自我主張上，犯了一般主動型業務最容易表現出的急於成交心態。

追求小而連續的成果

任何人都需要被鼓勵，透過鼓勵的行為，可以讓個人確認自己的行為是否符合大家的價值觀，進而能對團體產生歸屬感。所以很多的諮商師在處理青少年的叛逆問題時，常常認為關鍵在父母的態度與面對叛逆行為所反應的行為。有非常多的青春期

孩子，會表現如精神醫學專家杜萊克斯（Rudolf Dreikurs）提出的不良行為：[9]

一、引起注意

二、追求權威。

三、報復。

四、表現能力不足。

如果身為父母者能洞悉這些叛逆行為背後的動機，更可以用較有效的態度來面對與處理。不論青春期的孩子這些不良行為是要讓你煩、讓你氣憤，或者與你對抗、讓你傷心，還是要你別理他，都改變不了一個簡單的事實，他們需要被關注、被尊重與被肯定。與其一味按照這些孩子預期父母的不良反應去發生，不如學習心理治療的焦點治療法，將焦點置於有用、可改善的正向行為上，予以鼓勵與肯定。

在《青少年期教養法》（*Parenting Teenagers*）一書中，諮商作者丁克梅爾（Don Dinkmeyer）與麥可凱（Gary D.McKay）談到了對付引起注意的行為，一般

[9] Rudolf Dreikurs著，《面對孩子的挑戰》，水牛出版，一九九五年十月。

最好的對策就是：[10]

不要有求必應，就算他／她以有用的行為來要求，也不要滿足他。父母為了讓小孩學會自動自發，就要在他沒有預料到的時候、在他無意引起注意、不小心做了正確的事的時候，給他嘉獎和注意。

對付青春期員工的不良態度與行為，能否仿傚這些專家給我們的建議呢？答案我想是肯定的，只是要先考慮一下企業主管們，在被要求績效的同時，真的能耐心等待、視而不見嗎？這是一個大問題。不過倒是可以採取稍為積極的事先規劃來進行，畢竟這些青春期員工還是已經具備足夠的自尊與還算成熟的人格，即使識破企業的伎倆，他反而會感謝你的用心。（對青春期孩子，刻意營造其正向行為的安排，是非常容易被識破的，因為父母與小孩很難找到相同的聚焦點，任何刻意的計劃常引起青少年有被騙的感覺，對親子關係未必有改善。）

企業與其給一個模糊而長期的經營目標，不如給這些青春期員工一個短期、目

---

[10] Don Dinkmeyer，Gary D.McKay著，林瑩珠譯，《青少年期教養法》遠流出版，二〇〇三年六月。

標清晰、有成長性的工作設定，一來可以較快進行評估，二來風險也不致過大，最重要的是讓員工覺得自己為企業解決問題又能得到同儕的肯定。不過還是得提醒各位，別只肯定主要技能，輔助技能的肯定，可以結合企業文化、人際關係與情緒管理，更為重要；太多太刻意的讚美，有時反而適得其反，引起其他同仁的不滿，更別忘記大眾心理非常重視的公平原則。

你還欠缺什麼

對很多初入社會職場的新鮮人，或許很多抱著騎驢找馬的心態，對一份工作並沒有考慮太多；不過如果他們有較大的選擇自由時，工作的未來性肯定是非常重要的一項指標。所謂工作的未來性，在我的經驗中，對初入職場員工的心中，不論是否符合實際，其影像是清晰可見的。

面試官：「如果我們公司錄用你，你希望的生涯規劃是什麼？」

應徵者：「我不清楚你的意思？不過就看公司安排。」

面試官：「我看你並不太清楚我的意思。我換個說法吧！你修了雙學位，一個機械碩士、一個商業管理碩士，那你希望一年後、三年後你變什麼樣子？」

應徵者：「嗯！我希望先在我主修專業的機械領域努力個兩年，然後升工程課長，再利用我的商業知識，再一年可以當經理。」

這不是一個虛擬的面談情境，而是我在幾年前真實面對的情形。

其實對員工來說，他們都存在一個未來的想法，希望自己的角色會是如何如何、自己的收入會是多少多少、自己的生活會是怎樣怎樣。當然，隨著時間，他們的經驗得以讓他們慢慢找到比較能實際達成的目標，而對未來進行修正。坦白說，我們也常遇見不相信生涯規劃的人，他們覺得與其猜測明天，不如把握今天，聽起來也蠻有道理，只是活在沒有明天的日子，應該也不太好受。

對青少年來說，他們有一項熱衷的活動，那就是算命，不論是塔羅牌、紫微斗數、八字命理、還是宗教信仰，因為對一位迷失在茫茫人海中的工作者，找出自己的方向是如此的必要，對未來卻也如此的不安，因此透過算命，猜個未來似乎是很符合他們的需求。對正經歷職場青春期的個人來說，我相信對算命應該也不排斥？因為找到自己的價值、努力方向、及別人的認同是非常重要，多多少少讓「畢馬龍效應」[11]一再的發生。

企業的功能對於員工而言就像是扮演一位未來的規劃者，當然決定權還是操縱在員工自己身上，不過就像算命的人一樣，利用其豐富的社會歷鍊予以建議，快速了解當事者，幾乎是每一位知名算命者所具備的基本能力一樣。企業在與員工進行生涯規劃時，也必須考慮類似的一些因素：

一、符合企業中長期利益
二、符合員工意願
三、能結合企業與員工產生的綜效
四、具有挑戰性與成長性
五、規劃者能清晰看見員工的未來

[11] 皮格馬利翁效應（Pygmalion Effect，另譯為畢馬龍效應），是指人在被付予更高的期望以後，他們會表現的更好的一種現象。皮格馬利翁效應的命名是取自希臘神話故事裡面的一位名為皮格馬利翁的雕刻家，他愛上了他自己用象牙雕刻出來的女神雕像，由於他每天對著雕像說話，最後那座女生雕像變成一位真正的女神。皮格馬利翁效應是一個自我應驗預言發展。以此關點，內心常帶著負面期望的人們將會失敗；而內心常常帶著正面期望的人們將會成功。在社會學，這個效應經常被引用與教育或社會階級有關。（維基百科）

六、改善員工生活薪資條件

七、企業允諾為員工提供舞台

這些都是一連串的描述、溝通、修正、規劃，與說服的過程。這樣的過程最重要的原則是建立在彼此尊重、誠實討論員工已具備與尚缺乏的基本能力與輔助能力，讓雙方建立的一種隱形承諾。透過這樣的過程，從企業提供的訓練與機會中協助青春期員工找到自己的方向、獲得認同。

負責比抱怨有效

在寇夫曼（Fred Kofman）所著的《清醒的企業》（*Conscious Business:How to Build Values Through Values*）中一再強調所謂受害者與參與者觀念的差異。[12]所謂的受害者認為一切外在的不如意，都是被迫的，他無法選擇也無力改變，這種信念比

[12] Fred Kofman著，劉明俊、羅郁棠、陳曉伶譯，《清醒的企業：提升工作價值的七項修練》，天下文化出版，二〇〇八年六月。

發生事件之後進行外部歸因降低失調的行為還負面，因為它在事件未發生前，你已經對它進行了宣判。而參與者並不否認，外在事件的發生並非全在我掌控之中，他們認清無常的人生道理，但是安心的進行必要的選擇，選擇所有一切可以改變的因素、選擇一切可以回應外在變化的心境，努力以赴並引以為榮。我們可以先來看看《自由的漫漫長路》（*Long Walk to Freedom*）一書中提到的：

> 安得烈・史基佛（Andrew Scheffer）是非洲荷蘭新教傳教會的牧師。他不怎麼有幽默感，而且喜歡嘲弄我們。
>
> 「你知道，」他會這麼說，「在這個國家，白人肩挑比黑人困難的重擔。每次發生問題，我們白人必須去尋找解決之道。但每當黑人有了問題，你們都有藉口。你們會說『Ingabilungu』，這句科薩族語（Xhosa）的意思是『都是因為白人』。」
>
> 他說的是我們總把困境歸咎給白人，他的意思是我們必須看看自己，並對自己的行為負起責任。我完全贊同這個說法。
>
> ——曼德拉（Nelson Mandela）

對職場青春期的工作者而言，因為硬技能與軟技能都仍在開發階段，他們仍試圖摸索身為參與者的工作型態、溝通方式與負責任的態度。身為他們的主管與上司，我們責無旁貸要他們成為優秀的參與者，而不是墮入受害者的循環，形塑成在第二章我們提到的職場難纏行為的人。

適當的壓力

我相信如果做一個調查，「所有主管與上司對職場青春期員工最多不滿意的因素，是什麼？」我看非「耐壓力不足」莫屬。幾乎所有為人主管者對新的世代最詬病的也是耐壓力，所以才有草莓族的流行語。其實大部分的人並不喜歡承受壓力，因為過多的壓力將導致生理與心理的失調與生病。

已經有許多的研究顯示，適當的壓力可以引發正向的心理，產生正向的行為，如警覺度、知覺及意識程度的增加。這種正向心理在學習上會形成聰敏、反應快速與增加判斷力，對工作者也能產生好的職場行為，如果你注意到，這些心理狀態也有助於提升我一再提及的軟技能。傑克斯（Steve M.Jex）針對壓力的研究也提出了最適壓力的觀念（如下圖）。[13]不過值得一提的，所謂適度的壓力，會因人因事而異，即使同一個人也會在不同情境下出現差異。有很多是因長期壓力引發生理反應過久帶來的倦怠感，這也會使人產生「壓力會累積」的一種錯覺。

過度的壓力也很容易引發許多的負向心理，像緊張、焦慮、沮喪、抱怨、疲勞、無助，因而也很可能啟動我們的防衛機制，讓人際關係大受影響。

我們的生理在面對壓力時，最典型的反應就是戰或逃（Fight or Flight）。你可能選擇與壓力對抗，也可能選擇逃避。這些選擇很可能與學習過程建構形成的基模（Schema）[14]有關，如果你的經驗與我們的祖先一樣，在熱帶叢林的綠葉中，驚見黑黃相間的大貓，拔腿就跑，可能可以避免淪落為老虎的晚餐，這樣形成的基模，必須透過我們人類的捷思來幫助我們快速反應。相反地，成功經驗的累積也會形成另一種基模，協助你選擇戰鬥。不過過度依賴我們多年形成的捷思，對我們在職場的

---

[13] Steve M.Jex,*Stress and Job Performance:Theory,Reasearch and Implications for Managerial Practice*（Thousand Oaks,CA:Sage,1998）.

[14] 心理學者在研究人類的知覺與記憶歷程時，發現人類具備一種複雜的組織系統，稱為「基模」。基模是個體用來認識周圍世界的基本模式，此模式是由個體習得的各種經驗、意識、概念等構成一個與外界現實世界相對應的抽象的認知架構。它是存在人腦海中的認知架構，包含了我們對外在世界的概念、這些概念的屬性，以及這些屬性之間的關係。（http://content.edu.tw/wiki/index.php/%E5%9F%BA%E6%A8%A1（Schema）

行為與反應並非完全有利。所以在我們觀察到面臨壓力員工的反應時，並不須表現驚訝，因為第一反應來自他的捷思判斷，並不見得會是最終的決定。

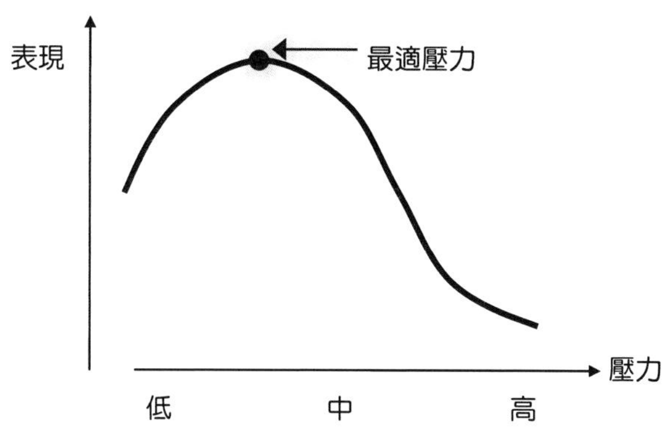

Larry任職於一家中小型人力派遣公司，該公司每天必須要外派一百位作業人員到方圓二十公里內的不同工廠，從事作業。所以公司幾乎在每週都必須安排大量的面試工作，一來因應客戶的需求、二來派遣工作的每季異動率幾乎是百分之四十到四十五。

Larry是該公司人力資源專員，主要負責與處理各客戶的需求與抱怨。LAX是一家印刷電路板（PCB）廠，它每天的晚上第三班產線平均需要十位外派作業員，但因派遣人力素質不齊，加上異動率很高，也造成該公司生產品質上大大小小的問題。於是來自LAX的抱怨像固定鬧鐘一樣打擾Larry的作息。

終於在某一天，Larry收到來自LAX正式通知，

ＬＡＸ要求Larry的公司補償一萬美元的損失，因為該損失是依據上個月業績與去年同期相比下降造成的成本損失。Larry的老闆Marina得知後很不高興。

Marina：「Larry，我早跟你說過，早一點跟ＬＡＸ溝通，人員挑選與訓練的責任不是我們該負的，那是它們的責任。你到底有沒有跟他們說。」

Larry：「有啊！我上上個月就已經跟他們說過了！」

Marina：「那怎麼現在要來向我索賠？這表示你溝通失敗，你只是單方面表達你的意見，對方顯然並不接受。」

Larry：「對方本來就很難溝通！我跟他們講了好幾次！」

Marina：「Larry，問題不在次數，而是溝通有沒有效。」

Larry：「事實上，我該講的都講了！」

Marina：「你還沒弄懂嗎？如果對方沒有反應，就表示它們不同意，你應該先讓我知道，早一點再想辦法，不是你講了就算！」

個案中的Larry在承受壓力時，顯然選擇趨避，他在面臨與ＬＡＸ溝通壓力時，刻意忽略與不考慮對方的反應，自以為說完就可以了。在面對他的主管的質疑壓力時，再度使用了他的捷思，迴避壓力。這些行為顯然於Larry內心對面臨壓力的知識建構是不全面的，如果任由這樣的捷思繼續作為企業的決策模式，肯定是問題不斷。

身為主管與上司，讓員工面臨壓力，學習與壓力共處，進而建構面臨壓力時的正確認知，是必要的。問題是該給予多少壓力，可以稱為適當？我們不如從壓力過大的行為來了解。心理學家克莉斯汀娜・馬斯列屈（Christina Maslach）[15]分析了極端壓力下個人產生的倦怠時，發現了個人會不自覺產生的抽離現象，這倒是不錯的檢查工具，可以幫助你審視同仁是否有逃避壓力的反應。這種因壓力產生的倦怠會令人產生情緒低落、心理與生理的耗竭、甚至產生憤世嫉俗等心埋狀態與行為。而衍生的抽離會使個人刻意遠離壓力源、放空思緒、盡最少力來成事的異常行為，在職場上可以透過遲到早退、逃避開會、轉移話題等行為予以鑑別。所以適當的壓力不應該使你的員工出現上述的情況。身為管理者都知道，工作的追蹤與責任的擔負是成事的關鍵，面對逃避壓力的職場青春期工作者，清楚規定誰的責任、工作關係人，與完成日，可能是最簡單也是最實際的第一步。

15 Christina Maslach,The Truth about Burnout,San Francisco:Jossey-Bass,1997.

懂得尊重自己

傳統的認知告訴我們，自尊心的高低是影響一個人成就高低重要因子之一。有許多的文獻探討自尊心的養成過程，蘇（Sue Street）和曼德林（Madelyn Isaacs）的研究顯示了青少年時期對自尊發展的關鍵性，在這個時期若沒有好的人格發展，會形成負向的自我概念與評價，並且在這個時期的個人，不論在成長與發展上，面臨了獨特的轉換與調適，更必須形成自我認同與接納，才能發展出健全的自尊。[16]

對比於職場上仍然在追求職場認同的工作者，處在養成職場自尊期固然會影響他的工作表現與工作態度，但猶如當初的養成過程，職場對工作者的自尊增強或消弱也產生了一定程度的影響。

但是，如果我們相信自尊與成就，存在是一個絕對的因果關係，當然想辦法提高個人的自尊，就可以讓個人將來的成就可以高一些。在這裡，我必須提醒為人父母者，與身為訓練員工的經理人，**如果我們的人生只在追求正確**、**有效**、**可複製的人生**，**我們肯定會錯過很多可能**。信仰的形成就在於只追求有效的大量複製行為；

16 Andrew J.Dubrin著，《應用心理學：提升個任和企業組織績效》，雙葉書廊，二〇〇七年。

卻很容易忽略這些很可能都只是隨機的選擇。自尊與成就的關係真的是如此簡單的因果關係？已經有不少的研究發現，這兩者很可能是互為因果，因為自尊讓我們願意去追求更高的成就，也因為好的成就結果，讓我們更有自信。

不過這只提供了一種可能的人類行為模式，以此模式來認定人類複雜的行為，未免太過迷信（Superstitious）。心理學家斯坦利・庫柏史密（Stanley Coopersmith）曾進行一個實驗。[17]在房間盡頭的牆上掛著一個小丑臉的布幕，而在他的嘴巴則有一個洞。受試者小朋友每人都可以有六個沙包，而他們的任務很簡單：把沙包投進小丑的嘴巴，投進最多的人獲勝。庫柏史密發現兒童採取的策略可以粗分為三種：

策略一：**直接站到小丑面前，輕鬆地把砂包放進小丑嘴巴裏。**

策略二：**嘗試好距離，而從這個距離投擲。**

策略三：**跑到離小丑最遠的地方，從那邊丟擲。**

[17] Kenneth W.Christian著，連映程譯，《這輩子，只能這樣嗎？》，早安財經出版，二〇〇九年十二月。

採取策略一的兒童，它的命中率是百分之百；而策略二則很可能有一半的機率會擲中；策略三的選擇則很難有小朋友可以成功投入砂包。有趣也令人驚訝的是庫柏史密斯發現，站在最前和最後位置的小孩，自我評價都很低。這給我們身為父母、師長與上司無非是一記當頭棒喝，我們是不是漠許甚至鼓勵我們的小孩、學生、員工採取最不容易犯錯的策略一，或是告訴他們不要去從事無意義、沒成功機會的活動，就像策略三一樣，然後我們期待他們應該要有上進心，要勇敢面對失敗，追求更高的成就感。事實上，策略一與三都是避免失敗的策略，就是自我保護的典型。第一種可以為了安全的達成目標，避免出錯引起的難堪與責難，當然可以讓他們不用去思考、探索他們個人的能力極限；而第三種策略，則以反正誘因不足，沒有太大興趣做為藉口，得以迴避了解自己潛力的機會。可怕的是，他們用「應該的失敗」來為自己的能力尋找一個歸因，「不是我的錯，而是我站這麼遠，本來就投不中」，可是一旦有一次被他矇中，他還會更自我感覺良好的認為「嘿！看到吧！這不可能的任務，我完成了，我是英雄！」。

選擇策略二，站在中間距離的小孩，可能才是把比賽當作一回事的人。他們會在成功和挑戰之間權衡，找出一個適當距離。重點是，雖然他們選擇的距離讓他們的成功率降低，但是每一次投擲都有非凡的意義與不同的盤算。反觀策略一與策略三對每一次的投擲，幾乎沒有差別，並不真正從上一次的結果，修正下一次的執行。你能體會到何種策略有比較多的正面影響與學習效果嗎？

對員工，尤其是正陷入調適困難、角色混淆的青春期員工，他會選擇以何種方式執行企業的任務？會不會讓你嚇出一身汗。除了自尊外，成就感的培養也是重要的。更何況兩者以互為因果的關係不停的往正向或負向滾動，即使可能來來回回，卻加深了他們的無所適從，**最後很可能只有一個目標，不考慮自我能力、不考慮學習性、不考慮成功與否，而只考慮滿足「老闆的意圖」**。

當一位工作者的執行標準、工作目標、完成步驟，甚至我學到什麼？都被簡約成老闆的標準，我不知道有多少工作者的工作情緒會是高興、樂觀、充滿活力的；而企業真的要這樣的未來人才嗎？身為企業內的上司、主管，除了建立同理於員工的基本個人尊重外，還需要進一步學習「對他們的追求學習、成長、高成就的尊重」，或許你會擔心他們會犯錯，你會擔心他們會更叛逆，不過已經有愈來愈多的研究告訴我們，青春期的小孩並不是我們以往想像那麼叛逆、那麼自私、那麼不體貼，反而他們很清楚該怎麼做，只是力量與尺度拿捏需要多練習。而我們的這些不安，很可能來自為人父母、主管自身的焦慮，可能我們還不適應放手、可能我們正進入中年危機。

尊重你的青春期員工，告訴他們，你之所以尊重他們是因為他們的潛力、熱情就像當年的你一樣，最重要的是告訴他們，你對他們的尊重，都必須建立在他們對自己的尊重前提之下。

處理衝突

在青春期工作者遭遇的職場衝突，很可能發生在與身為上司的你之間，也可能發生在他與其他人之間，甚至出現在與整個組織的價值之間。

但衝突的引發有時很難界定是屬於單一類型，它很可能是這三種衝突類型的混合體，主管在處理衝突時，必須要能察覺。不過，即使它是複雜且多變的，任何一種衝突的處理方法並不彼此對立與排斥，例如，張三與李四因為資源與個性產生複合式的衝突，主管介入先處理資源競爭所引發的衝突，再處理個性的衝突是可行的辦法。這給我們處理衝突一個不錯的方向，就是只要開始面對，一定比不處理或者迴避來得好。

在企業或任何團體與組織之中，衝突的發生有各式各樣的形式，不過如果只針對職場上尤其是青春期危機的工作者所引發的衝突來談，大概能將衝突分成三類。[18]

資源的競爭：資源在企業組織裡並不只是單指狹隘的金錢、預算、時間、人力、空間。在企業內有時日光或是景觀都可能是員工爭奪的資源。因誰靠近窗邊，誰靠近洗手間都可能出現衝突，這樣的例子幾乎會出現在所有公司內，如果你仔細想一想。當然這個資源也很可能包括「老闆關愛的眼神」。

對職場青春期的員工，因為對資源的重要性還在敏感與遲鈍之間來回游走，有時對嚴重的資源競爭，顯得沒有知覺，例如一味答應別人的要求，卻不知自己的工作負擔已經到了超載的情形；或有時卻對一點點小小的資源衝突，過度敏感，過度強化，將單純的資源競爭的衝突提升到立場之爭。

處理資源衝突最及時有效的辦法就是尋求更高一級主管的介入，不過使用此快速的方法其副作用可是很大的，包括：「讓上司以為你很好鬥、自私」，「不能同時滿足雙方基本的期待」，「極可能是一個全有與全無的賭局」。所以身為衝突雙方的主管在介入處理資源性的衝突時，必須要有幾個原則：

---

[18] Andrew J.Dubrin著，《應用心理學：提升個任和企業組織績效》，雙葉書廊，二〇〇七年。

一、表示意見時避免使用情緒性甚至人身攻擊的字眼。
二、改變衝突雙方的期待會比分配資源有效的多。
三、重新定義共同的目的，並尊重大家達成目標的不同方式。
四、除了資源，是不是還有什麼是我們可以做，卻沒被提出的。

在觀察主管解決資源衝突的過程與我個人的以往經驗，資源衝突很容易引發衝突者要主管表態、選邊站，或是要主管明事理、斷是非的情況，身為主管也常常陷入這種情境而苦惱。雖然有少部分的主管喜歡藉由分配資源來突顯他的權勢，但這個衝突背後的工作，終究必須被完成，終究必須有人負責，不經過分析的瓜分資源並不會帶來較好的執行成果。所以透過以上的提醒，有助於讓衝突雙方由對立、零和的認知，轉變為互相合作的認知。

Stanley是一家中型規模的模具製造公司的總經理。在二〇一〇年的夏天，該公司需要完成一筆私募案，後來春田創投（Springfield Capital）進入了Stanley的公司，成為最大的股東。春田創投為尊重專業，只派駐了一位財務副總，維持Stanley的董事長位置，但在董事會則掌握了多數席次。原來Stanley公司的生管副總退休後引發一連串的衝突，這個職務除了掌控整個供應商的生殺權之外，對議價、庫存管理、供應商關係都深深影響公司的財務狀況，身為春田派駐的財務副總Vincent一再向Stanley要求掌管生管單位的必須性，但身為業務副總的Roger，也不干示弱的想要爭奪這個部門的管理權，理由是有許多的供應商的選擇必須以中國大陸華南區的工廠為優先，而除了表達他對中國供應鏈的了解外，將業務與生管統一管理，有助於存貨的控管。Stanley陷入長考，因為他自己目前並不想再多花太多錢雇用新的生管主管，但面對Vincent與Roger兩人愈演愈烈的衝突，他該怎麼辦？

Stanley找上了我，敘述他的困境，一來他不想得罪春田創投，二來一旦他將生管交給Vincent，業務的Roger將來一定與Vincent處得更糟，現在都不交談，將來不知會如何？甚至很可能會離職，帶給公司更大的麻煩。如果真的有藥方可以解決Stanley的問題，應該是抗焦慮的藥品吧！Stanley已經因為焦慮而將太多可能與不可能糾纏在一起，光煩惱而不作為，是無法解決員工衝突的問題的。

Benjamin：「Stanley，你的公司如果經營得很好，春田會感謝誰？」

Stanley：「應該是我吧！」

Benjamin：「那如果經營得不好，誰要負最大的責任？」

Stanley：「當然也是我！」

Benjamin：「那你對這個人事的安排，應該將目地設定在不得罪春田，還是讓公司變得更好？」

Stanley：「我想我懂你的意思。可是不管我怎麼安排，都有一方不滿意。」

Benjamin：「你可以試著改變他們對這個職務的期待。」

Stanley：「怎麼做？」

Benjamin：「你的兩位主管真的理解這個職務工作內容、目標設定、績效要求與部門員工庶務、出差頻率等等這些要求嗎？」

目標與立場的差異：對企業而言，設定愈明確的目標愈能夠產生愈好的引導效果，但是光有明確的目標，沒有共同的目的與同理心，將很可能產生每個人、每個部門傾向過度強調立場的差異，還記得我們之前提的官僚體制下的Heusler的抱怨嗎？這很可能引發衝突。在衝突的案例中，因部門目標差異所引起的衝突非常多，雖然很多只是表面上的理由。

身為主管在處理員工間或是企業間的目標與立場的差異所引發的衝突，有幾個關鍵點：

一、處理衝突時，盡量避免為了權衡，息事寧人而失去你的立場。
二、處理衝突時，勿因快速解決而讓當事人失去了抱負。
三、讓雙方同理對方的立場，會比你重新修訂他們的目標有效。

在觀察青春期員工產生的目標與立場的衝突情形，我們可以觀察到這些員工多半都是有抱負，他們對公平原則、事情該怎麼做、成事為先等一般性的理想原則相當的篤信與堅持。他們能接受以大局為考量的大帽子，但是又覺得必須要建立好的制度與典範，然而這兩者未必具有一致性，反而常常相互拉扯與排斥。

身為主管的你，在面對這些未來企業的棟樑，固然以階級強行調解衝突是有效率的方法，但你也喪失了讓員工學習與成長的機會，更可怕的是你很可能正在消耗一個員工的熱情。如何讓他們在不失抱負前提下同理另一方，不論是同事、你、或是企業的處境與選擇，是決定處理這類型衝突的成敗關鍵。

在《Shadowing Can Show What Other Side Is Like》的文章中，提到透過跟隨（Shadowing）可以讓一方清楚了解另一方面臨的資源、壓力、思維與限制條件，進而化解彼此的立場衝突。當然有些企業確實落實了跟隨計劃，也得到許多的好處，不過這個成本確實也不低。幸運的是，現在企業內專案的重要性逐漸取代原來企業強調的功能性，專案制度也是ＩＢＭ早期為了打敗官僚體制強力推行的一種跨越部門的合作制度。透過專案的參與，我們是可以有更多機會理解別的部門的管理情境，完全看身為主管的你如何妥善予以運用。

Cathy是ＴＣＣ公司的工程師，到任兩年，她總是努力的完成主管Jack對她要求的任何事，也因此得到了Jack的信賴。在二〇〇九年香港ＶＴＣ公司找上ＴＣＣ，希望ＴＣＣ能為他們開發一款特殊的互動玩具。Jack面對二〇〇九上半年的悽慘業績，實在對ＶＴＣ提出新產品的市場信心不高，但一來不想拒絕ＶＴＣ這個大客戶，二來深怕萬一景氣一下子上揚，他將損失這個機會。因此Jack決定派任Cathy擔任計劃主持人，雖然她的經驗嚴重不足，但也因為如此，可以順便磨鍊她，萬一市場不佳，他也不會有太大的損失。

對Cathy來看，情況則是完全不同的，她覺得這是一個千載難逢的機會，更何況ＶＴＣ的專案，公司裡有多少比她資深的人虎視眈眈。她比以前更努力，犧牲假期，為了請求資深人員的協助，也忍住她所有的情緒。不過隨著景氣狀況愈來愈明朗，ＶＴＣ知道該放慢生產計劃等待復甦，所有ＶＴＣ與ＴＣＣ的接觸動作全部由主動轉為被動。敏感的Jack知道ＶＴＣ的專案肯定前景不樂觀，於是有一天他親口告訴Cathy

停止專案的開發，暫緩一切投資，並把Cathy轉調到另一個專案擔任工程師。這對Cathy來說是一個不願接受的打擊，她不相信市場會這樣殘忍的對待她。於是她利用下班時間持續為VTC開發產品，並私下拜託TCC的業務不要完全棄守此專案。

Jack：「Cathy，我聽說妳仍舊在開發VTC的專案？我不是已經下令停止了嗎！」

Cathy：「是……是！我知道！」

Jack：「你真的知道嗎？雖然，妳都是利用私下的時間，不過妳現在的新專案主持人卻覺得妳不夠投入！」

Cathy：「我真的覺得VTC的專案還有成功的機會，而且離完成只差一點點。」

Jack：「Cathy，我真的不是要打擊妳，只是市場真的不景氣！」

Cathy：「……」

Jack：「妳可以答應我不要再碰VTC的案子了嗎？」

Cathy：「好！只是老闆，萬一市場真的存在呢？」

上述也是一個真實發生的個案，我們可以感受到Cathy對計劃的抱負，也可以察覺Jack的不耐煩，因為畢竟公司的資源是那麼的有限，他的立場是希望工程師全部能更專心的工作。所以衝突終於還是發生了。你可能會好奇，那該如何讓Cathy放棄

ＶＴＣ的專案，又能不消弱她的企圖與抱負？那不如先來想一想，萬一景氣真的沒那麼差，ＶＴＣ忽然又積極起來呢？Jack不是再也無法取信於Cathy了嗎？答案很明顯，企業經營本來就充滿風險，沒人說得準，問題在對風險的管理方法與我們內心的態度一樣重要。Jack不可以太武斷評論市場永遠不會有起色，但Cathy也不可讓企業一直在風險中打滾。所以你找到了平衡點了嗎？

個性或觀念的衝突：在杜普林（Andrew J.Dubrin）的《應用心理學：提升個人和企業組織工作績效》著作中，定義了個性衝突（Personality Clash），即兩個人因個人屬性、偏好、興趣、價值觀及風格不同導致的對立關係。[19]這種類型的衝突是很難化解的，更複雜的是，這類衝突常常隱而不顯，雙方並不承認不合；或公然對立，彼此以惡意進行言語、行為上的抵制。我們也常聽說，本來合睦的兩個人，在一起創業後，竟然演變成對立、不再說話的兩方。

在組織中的衝突，其實並不一定全是負面的指控。適當的衝突，有時反而可以為組織帶來更多的活力與彈性。例如企業招募有能力的工作者、主管，除了希望這些人可以以其所長貢獻於組織外，為組織導入一些因文化與價值的差異、行事風格

---

[19] Andrew J.Dubrin著，《應用心理學：提升個任和企業組織績效》，雙葉書廊，二〇〇七年。

的出入，會造成一些功能性的衝突（Functional Confliction），也創造適當的壓力，這將使得組織得以成長、增加成員心智能力。但是，如果組織內的既有勢力，強而有力，要創造功能性的衝突是極不容易的。所以我們可以看到即使許多政府公家機關，學習民營企業的效率、服務與成本概念，仍然改變不了積習已久的文化，難有活力與彈性。

對職場青春期的工作者因為年紀與年資都與擁有多年經驗的主管存在著觀念差異，一般我們稱為代溝。可能主管心裡抱怨的都是「一群目中無人的草莓族」，但是這些新鮮人卻很可能心裡想著「老狗變不出新把戲」。依老賣老、標新立異對企業都不是好的選項，就像完全不理會產業、市場、遊戲規則已經改變的企業，即將像恐龍一樣的消失滅絕；相同的，完全不顧商業模式，經營風險與組織能力，一味追求創新，也會使企業陷入困境。

與其說要如何妥善處理因世代、觀念、個性的差異所產生的衝突，不如說如何營造具有建設性的功能性衝突來得有利。而關鍵在同理心的建立，進而願意以合作來取代掌控與服從，身為主管的你，實在無須擔心你的面子，與領導統御會被質疑的窘境，透過合作，你的經驗與洞見恰可為青春期員工提供一條可行的軌道。

學習放棄

舊金山加州大學精神科教授楊錦波說過一個實際的故事，南洋土著會把香蕉放進一個挖了小洞的椰子裡，而洞的大小剛好容納猴子的手通過。他們再把它吊在樹上，做為捕獲猴子的誘餌。結果猴子會為了不願失去香蕉而放手，單手被困在樹上，直到被人活逮。在佛家也有一個故事，到底是狠狠的抓一把糖果，可以輕易的從限縮的瓶口中取出，還是適可而止的取出少部分的糖果。我想答案大家都知道，但做起來卻往往不是那麼一回事，原因可能是：我不知道瓶口那麼小？為了效益，我賭上一把！不管你的原因是什麼，總之你應該知道每個人都有自身條件的限制，與外在環境不如預期的影響部分。

我們之前談了不少歸因理論，或許因為人類這個動不動就要解釋外在事件，凡事都喜歡有規則的天性使然，使我們以為清楚看到別人握住糖的手與卡在小小瓶口的窘態，然後輕鬆的下結論，自吹自擂。換成了我們自己成為當事人，又有了不同的看法。不信的話，我們就設想另一個情境，在完全漆黑的環境中，你能一眼識破，別人拔不出來的手是遭遇了什麼問題嗎？不過我並沒有要告訴大家如何求出最適化與最佳化的解決辦法。能發現瓶口太窄時，你已經看到了真相，在真實世界裡，你算是幸運的。但大部分的情形，我們只知道有問題，但根本不知道是被瓶口限制了，這也就是幫助我們理解，個人都是從自身發展觀點來看待外界的事件與刺激，進而建構我們對世界的認知，不過這樣的現象，真的讓我們很容易掉入了以偏概全、以管窺天的不良認知中。

在我們還清楚體會瓶子才是限制了自己的主要原因之前，要你打破瓶子猶如緣木求魚，讓我想起一個佛家故事：

一位求道的出家人請求達摩的開示，他說：「師父，我在求法的道路上，一直不安心，不知道我的路是否正確，能請你幫我安心。」

達摩張開闔閉的眼，看著眼前的年輕人，輕聲又堅定的說：「好吧！把心拿給我。」

據說這是中國禪宗的起源。我們不見得都能輕易的看清世間一切現象，或者說我們本來就應該無好無惡的接受世間一切現象，這在佛家裡稱為無常。但境界太深，難度太高。

其實還有一個辦法也是解決未知困境的一個選擇。請你先問問你自己，你無法捨棄的到底是什麼？你真正需要的糖果數量是根據什麼而來？是根據嘴巴的容量、愛好、還是這只是一種愈多愈好，愈能證明自己能力的一場競賽？

如果回歸我們最適當的需求，你可能可以接受還有很多糖果遺留在瓶中，看得到未必要吃得到。我發現在面對員工層出不窮的問題時，大部分的主管幾乎都忘掉了「什麼是自己真正的渴望」、「什麼是企業的真正需求」，與「什麼才是員工真正的問題」。卻常常只專注一些不理性的信仰，而帶來許多不必要的煩惱。我們來看一看以下的個案：

Jones是A公司的研發經理，因老同學邀約到其新成立公司幫忙，而主動向A公司研發副總Walter請辭。

Walter：「Jones你一定要走嗎？」

Jones：「副總，很抱歉，我想我的工作應該不是很重要，我的手下可以分攤我的工作。」

Walter：「Jones，你這樣說就不對了，好像你對我們公司以往都沒貢獻一樣。我相信你的工作絕對很專業，對我們公司也很重要。我希望你不是為了離職才這樣說。」

Jones：「喔！當然不是。只是我的下屬工程師們幾乎已經被我要求到能獨當一面，當然我選擇現在離開，對公司影響應該不會太大。」

Walter：「我真的不希望你這樣想！難道你不承認是有人挖角？Jones，我一直待你不錯，不論在休假、薪資福利上。」

Jones：「真的沒人挖我，我只是想休息一陣子。」

Walter：「不可以這樣！你當初找不到工作來拜託我，我也大力向老闆推薦你，你怎麼可以在公司最重要的時刻告訴我要休息，這樣你要我怎麼向老闆交代。」

Jones：「……。」

Walter：「你可不可以告訴我實話。到底你為什麼要離職？」

Jones：「真的，我只是要休息一陣子。」

Walter：「你要休息，我可以讓你放假，但不可以離職。」

如果你處理過許多員工的離職經驗，我相信你對這樣的故事與場景一定不陌生。一來離職員工不願意說真話，因為覺得不好意思，隨便編了一個謊來解釋自己已下定的決心；另一方面，主管也一再強調一種工作倫理與過往的關係，想藉此留住員工。結局當然很明顯，Jones照樣送了辭職信，Walter也不想再與Jones再談任何一次，因為他覺得Jones不相信他，不惜隱瞞事實，有一種被背叛的感覺。即使過了一年，Jones新工作不順利，他也絕不想回到A公司，寧願找一份更不適合自己的工作；而Walter從此也不再信賴Jones，甚至不再通電話，即使他耳聞Jones正在找工作，而他也還在尋覓適合的經理，他也拒絕人事主管的提議，找Jones回來談一談。這是一個真真實實的個案，可能每個月、每週都在發生。

我們該拋下讓我們緊抓不放的信念嗎？

「騙我一次、一定有下一次。」

「知道我真的為他好了吧。」

「背叛我的傢伙，這下你應該學到教訓了吧。」

在這裡我不想再談信念所引起的態度與行為，我想先來看看導致這樣信念、行為與結果的機轉。什麼樣的機轉呢？

「如果在一開始我選擇放棄呢？」

我曾經有教導許多中學生自然科學的經驗，不過因為我的親切與不少學生建立了一種信任關係，所以曾經有不少學生遭遇到家庭暴力、偷竊、自殘，或失戀，與父母口角、同儕不睦等等的問題，都會主動找我幫忙。而我總是很熱心的進行協助，也常常忙到半夜才回家。說真的，還真的幫了不少人，一直到有一天，我認識到一位高中的輔導老師，她並不鼓勵我去做這樣的事，她告訴我：

「因為你不夠專業。」

我相信這句話，並非完全充滿惡意，所以這並不會造成我的挫折與打擊。也因為這件事讓我重新思考，我過往的協助真的是必要的？真的是正確的？真的有利於這些孩子的成長與發展嗎？如果孩子有毒癮想戒，除了勸他鼓勵他陪伴他，我還能做什麼？

沒錯，對一位充滿熱情與企圖心的人來說，要知道自己的界限很難。如何懂得尋求更適當的協助予以轉介，甚至避免自己捲入不可控制的情況，而產生更大傷害，這些都需要學習。我稱它為「懂得放棄」的哲學。放棄什麼？

「放棄以自我價值加諸於別人的信念：自己認為好的、對的，一定也會對別人有益。」

「放棄第一時間基模（Schemas），為他人行為所做的推論與分類。」

「放棄只為了證明自己信念正確而要強力改變別人的動機與行為。」

不只對青春期的員工，對任何職場上讓人不解、造成我們困擾的同事行為，我們都必須要學會放棄。上述的三個放棄，就是我的界限。有許多的父母基於關心青少年的價值觀與擔心行為的偏差，而一味的以自己經驗所累積形成的信念來約束他們的小孩，其效果真的不太顯著；學著放棄要別人接受我們要求的價值、態度與行為，而改以理解別人的價值、態度與行為，予以尊重，並在正確時給予正向鼓勵，反而容易成功。

對職場青春期的員工而言，成長需要環境與時間，身為其主管，在予以尊重協助時，除了知道自己的界限外，對企業的使命與任務仍然需要負責與履行，有時真的需要尋求外援，有時甚至必須要放棄一位員工。有太多職場不適任的人，因為領導人的優柔寡斷、不懂放棄，而使企業蒙受巨大損失，如團隊出走、搶走客戶、甚至讓企業違法。

「如果我們企業需要的是一位太空人，不論那個蛙人多會游泳，該放棄還是得放棄！」

意義！意義！還是意義！

著名行為經濟學家丹・艾瑞利（Dan Ariely）在其《誰說人是理性的》（*Predictably Irrational*）一書中，特別提供了一個玩樂高遊戲的實驗。[20]他發現在實驗者在拼湊第二個太空戰士時，試驗者將其完成拼湊的第一個太空戰士，當著實驗者面前拆解，將導致這些實驗者繼續玩下去的意願大量降低。他得到一個簡單的推論，當員工對他的工作不再覺得有意義時，將嚴重影響他的工作績效表現。甚至之前提及的費司汀格的實驗結論與艾瑞利在印度的另一個實驗相類似，給與愈高的外在誘因，反而使內在動機降低，進而表現得更不如平常的情況。

工作的意義可以說是讓員工找到工作樂趣的重要因素。俄國作家高爾基說的：「工作是一種樂趣時，生活是一種享受；然而當工作變成一種義務時，生活就是一種苦役。」找到工作的樂趣其實是解決員工工作問題的根本，一旦失去了樂趣，工作將變成一種勞動與苦役，這也是造成員工離職的重要原因。

---

[20] Dan Ariely著，周宜芳、林麗冠、郭貞伶譯，《誰說人是理性的！》，天下文化出版，二〇一一年一月。

對急需獲取認同的青春期孩子來說，找尋自我定位與價值是他們的當務之急，因為可以獲得一種歸屬感，並且能夠帶來自我意義的掌握感。雖然大人會因為擔心安全、害怕毒品與濫交，進而阻止他／她參加海洋音樂季，但是對青少年來說，這是他們覺得最有意義的事，既可以與同年紀的孩子相處、又可以見到偶像、隨著吵雜的音樂盡情搖擺，更重要的是那種氛圍讓他們享受著短暫的「心流」（可能米哈里也未必有過在這種情境達到真正心流的經驗，不過對這些孩子來說，似乎也很難有如此接近心流經驗的時刻）。

對職場青春期的員工來說，他們也企圖想要找尋出所謂有意義的活動，他們挑戰一般人不敢做的事，例如拋下工作去環島、下班到酒店駐唱、單身到陌生國度遊學、挑戰更高薪的工作，以為這就是自己能掌控一切的證明，也以為這樣就可以找尋到所謂生命的意義。所以他們看到殘障的街頭小販，會流下同情的眼淚，甚至號召網友來協助他；卻對四肢正常，努力工作的上司，視而不見。如果能在工作中發掘到意義，對他們來說，是可以更快讓他們找到工作帶來的樂趣，也可以發現工作在生命裡不可或缺的意義，進而改變動機，影響他的脫序或不理性的行為。

如何讓這群孩子找到工作的意義，是一件很大的課題，因為不只正處於職場青春期的員工，就連許多中年的員工，也會陷入喪失工作意義的低潮期。

Julian是一位帶有工作熱情的行銷經理，他總共待過三家公司，其中有兩家是規模很大的公司，第一家是全球前十大的軸承生產廠商，所以他輕易挾著品牌低價與知名度優勢，打進韓國前三大電器品牌公司；第二家是全球最大的引擎品牌製造公司，類似前身，以口碑及品牌形象，他成功擔負歐洲市場的業務代表，銷售成績也相當不錯。但在工作十五年後，他發覺這樣為別人打工的日子，不再有意義，他想到要創業，但一來沒資金、二來沒產品、三來沒團隊，他陷入了低潮。一直到他找到了一家初創公司，願意把全部的行銷業務授權給他，他接下這份工作，因為他告訴自己這是一種安全的創業，稱為「體制內創業」。

在該公司一待就是五年，在五年內該公司恰遇金融海嘯，眼看好不容易經營到美國第一品牌客戶開始下單採購，就這樣萎縮到消失。

隔了兩年，景氣緩慢復甦，卻造成該公司業績不振，週轉不靈，該公司負責人於是開始引進新的投資人。新的投資人要求公司要快速恢復獲利，但公司才從海嘯中活過來，Julian又從無扭轉業績的任何經驗，他愈努力卻業績愈差，老闆又一再糾正他的行銷計劃，使他的體制內創業的意義蕩然無存，因此在無法忍受的煎熬下，他與公司的其他主管因小事吵了一架後，在一天迅速決定離職，離開他曾經小心、在意、充滿熱情的職場，連下一個工作都沒著落時，就倉皇離開。

這是一個真實的案例，當外在環境產生改變，進而影響了我們原有的認知，使得工作瞬間不再有意義，我們很可能會不顧企業安危、不顧對客戶的承諾、只從自己出發，離開自認沒有意義的工作崗位，再去找尋有意義的工作。在職場中，總是有太多人，不停的找工作、換工作，說穿了，可能他們要找的根本不是工作，而是意義。新的工作環境，新的組織團體，容易帶來知覺上的改變，減緩失調的現象（以上例的Vincent來說，他無力改變他的業績，卻又被上司要求，他不想承認自己需要尋求協助，以避免面對五年前的決定是錯誤的，或者自己是一位逃離者的事實，因此陷入了費司汀格的失調狀態，不再與團隊互動，進而與同事吵架），所以容易相信新的機會一定會帶來新的意義。

在心理學上有一個著名的實驗，稱為吊橋實驗或杜東實驗，方法是找同一位妙齡女郎分別在正常的平地上與搖擺的吊橋上，隨機尋求男性的協助填寫一份不重要的問卷，並刻意留下她的號碼。結果在事後藉機詢問問卷時調查結果，而主動打電話給女郎的男性，吊橋上的受訪人數遠遠多於平地上的人數。我相信透過到新的企業上班，人生地不熟，總是容易改變我們既有的知覺與態度。

在日本有句俗話：換工作不如換腦袋。也在敘說著類似的工作情境：一旦找到了工作的意義，工作的內容、薪資就顯得不是最重要的因素了。企業必須認真看待這個現象，幫助員工找到工作的意義，是協助他們成長的必要任務，也是提升效率，降低離職率的好方法。

至於如何讓員工找到工作的意義，將工作賦予意義是最容易也是最實際的辦法。我們可以看一看下面企業的小故事：

Joe初到內華達的工廠時，該工廠生產效率是全公司的最後一名，雖歷任了幾位廠長，員工怠工倦勤還是依舊。整間工廠死氣沉沉，沒有一任廠長解決得了這個問題，員工只是把工作當作糊口的工具，加上工會力量強大，公司也很難解雇不良員工。

Joe在上任幾週後，大家都在倒數著他什麼時候會垂頭喪氣的離開，「連工廠他都好少來」，「八成又是一位來過水的高階主管」這樣的閒語在工廠滿天飛。一天，Joe來到了工廠，認真的詢問了工人他們的組裝程序，工人不耐煩的說著。

Joe：「這個組裝真的很複雜，也真的不簡單。」

工人：「這可當然！不過公司一直嫌我們效率差，真是吹著冷氣搞不清楚狀況。」

Joe：「喔！那你們一天可以組幾台引擎？」

工人：「三台就很了不起了！」

於是Joe請人搬來了一塊黑板，在白天班的員工下班前，詢問了今天的組裝數，將組裝數三，大辣辣的寫在黑板上。晚班員工進場時，每個人都看到了入口處廠長寫下的三，便詢問交班的員工，那個數字是什麼意思，當他們知道了這是白天班同仁的完成數後，他們覺得被瞧不起，於是神奇的事就發生了，隔天的黑板，三不見了，被人改寫了四。如此過了幾天，黑板的數字再也沒有低於六，也使得該工廠的效率足足提升了百分之百。

我們再來看一個真實的案例，它說明了一個極端的情況，當事件變成沒有意義時，就不會再發生了。

拉瑟姆（Gary Latham）在他的研究中，有這麼一個鋸木廠的案例：[21]該鋸木廠每年被員工偷走的設備高達一百萬美元，但礙於鋸木業強大的工會力量，公司幾乎沒有任何有效的辦法來制止這樣的行為。不過拉瑟姆卻發現，被偷走的東西大部份都是員工不需要與用不到的物件。而更絕的是，員工偷竊那些設備也沒轉

---

[21] Latham,Gary P.,*Becoming the Evidence-Based Manager Becoming the Evidence-Based Manager*,Nicholas Brealey Intl.,2011.6

賣，他們只是在享受，享受一種偷竊的刺激感、能與公司作對的滿足感，與可以向同仁吹噓的驕傲感。

於是拉瑟姆與公司制定了一個「殺死小偷」的計劃，將公司的設備物件像圖書館借書管理一樣採外借登記制，鼓勵員工外借，只要能登記簽名即可，因為上述三種感受消失了，偷竊變得不再有意義，從此再也沒有員工想偷竊公司的設備，而且都有借有還。

Chapter 6 工作者指南

「心理學家瓦林斯（Valins）在一九六六年，邀集了一批男異性戀的實驗者，讓他們觀看裸女的幻燈片，在每張照片播放的同時，他利用耳機將參加者的心跳回饋給他們。實驗結束後，參加者被允許挑一張幻燈片回家，並且詢問他們的選擇是否就是他們最喜歡的女生時，他們的回答都是肯定且明確的。果然實驗結果如預期，大部分的參加者，都忠實選擇了他們心跳變化最快的那一張幻燈片。

但引人注意的是，其實，

參加者聽到的心跳聲，並不是真正來自他自己，

而是在實驗操弄下預先錄好的心跳聲。」

你真的了解自己嗎？

Benjamin Liang

如何渡過職場青春期

在上個世紀末二十年，許多企業都深刻體會了滿足客戶、客戶第一這樣的企業價值。所以即使連弊案連連的安隆企業（Enron）都有「客戶第一」的企業價值主張。現在問題來了，如果你的客戶急需要你出門搭明天一早的班機去幫忙解決問題，結果新的公司節流政策才在三天前公告：「在八百公里內的任何出差都以開車為主要交通工具。」你想請示老闆得到他的允許，不幸的是他正在馬達加斯加享受年度假期，你心中開始盤算，要是現在開車肯定來不及在明天一早到達客戶的工廠；你也可以先用自己的信用卡購買明天一早六點的機票，當然你會冒著一個公司不願意事後幫你買單的風險。那你會以客戶第一為最高原則，先自行買票？還是遵照公司的規定，之後再向客戶解釋？

如果這樣的情境，你仍覺得根本不會發生在永遠落實客戶第一的企業裡，那想一想下面這個情況，當你與上司吵架，並暗中咒罵你的企業很現實，抱怨多年來沒有功勞也有苦勞，因此你決定離開服務多年的公司。就在你埋首寫離職申請單時，電話響了，一位正在開發的潛在新客戶，在你以為很難成交的假設下，竟然主動要你去對他們的總經理進行一小時的簡報，並且電話中的Roger還要求要由你來主持這場簡報。問題再度浮現了，你會先取消離職申請，去對客戶進行簡報，並讓專案順利開案，還是很禮貌的知會公司與客戶，說明你的無奈，希望他們自求多福？

在我訪談與觀察到的大部分企業裡，很多都有客戶永遠第一的價值主張，但員工則很少會把切身相關的福利、工作分配、升遷、去職等等問題，置於服務客戶之後。所以有太多的企業管理者，一再強調要滿足客戶，一定得先滿足你員工。問題是正遭遇到青春期的員工，企業的這套解決思維仍然有效嗎？

重新認識自己也重新認識企業

如果你能想像上面的兩個情境，會因企業對你的態度改變，而對客戶服務產生了截然不同的動機或採取不同的行動，那很可能你得想一想，你對客戶的價值主張真的是你的信仰？還是只是獲得企業認同、資源的一種選擇性原則？

在對企業價值產生疑惑、不信任，甚至不認同時，你可能也已經在職業生涯的大海裡，迷失了方向。有經驗的漁夫在失去一切方向指引的工具時，常常會做的緊急處置，與一般人大不相同。他們會重新思考大自然給予的工具，也重新認識他們相處一輩子的大海。所以他們根據洋流、月亮、星星找尋方向，但永遠永遠地對他們熟悉的大海投以敬畏之心，因為暴風雨、巨大的風浪總會在你意料不到的地方發生。我也想要告訴在職場迷失的工作者，這是一個考驗自己的機會，重新去認識自己，尋找你的工作意義，當然請對你的企業永遠懷著敬畏的心。

人都會有迷失的時後，不論年紀。有人循規蹈矩一輩子，最後卻受不了金錢的誘惑；有人在專業的衣著外表下，卻隱藏著自卑與自利的人格與動機。這些都不算什麼。想要證明你的價值，重新找回自己，一定比一味的攻擊別人來得有效。

你是不是也對你的工作不再有樂趣？你會為許多能力強、人品好卻得不到工作樂趣的好朋友扼腕嗎？

Caton與Pager是兩位剛從機械研究所畢業的企業新鮮人，因為毫無工作經驗，企業對他們實施了三個月的職務訓練後，就分配他們實際的研發工作，希望能使他們在工作中同步訓練，提昇專業能力。半年後，兩人對工作已有一定的熟悉度，但因仍然無法單獨作業，常常還需資深同事的協助，因此也常常工作到很晚才離開。Caton首先發現不對勁了，他告訴了Pager，他算了算上週的薪資除以他的真正的工作時數（包含加班），他發現時薪比他以前在SEC便利店打工還低。Pager也正因不知如何處理因加班，而無法讓女友開心的事傷腦筋，於是他們鼓起勇氣，向人力資源部門提出了抱怨。

Caton：「我們來公司也已經一陣子了，很辛苦，也都配合公司加班，可是我把工作時數，加上晚上留下來的時數，我發現我們的薪資比不上在便利店打工。」

Amy：「等一下！我確定沒聽錯！便利店。」人力資源經理Amy吃驚的看著Caton，因為這是她工作以來，第一次有同仁拿機械設計公司與便利店相比。

Caton為了爭取更大的支持，拉開音量：「對！便利店。」

Amy：「你拿機械設計業與便利店對比。」

Caton：「對啊！為什麼不能比。」

Amy：「Caton你在學生工讀的時候，你要打工，你會怎麼挑便利店？」

Caton：「我會到SEC超市，因為時薪多五元。」

Amy：「那你會為了那家多五元的便利店搬家嗎？」

Caton：「什麼意思？」

Amy：「就我知道，你住在達拉斯，也在達拉斯唸書，現在有一家便利店，他願意多付給你五元的時薪請你去打工，不過它座落在鹽湖城，你會去嗎？」

Caton：「當然不會！」

Amy：「不過為了來我們公司上班，你不是才從達拉斯搬來加州嗎？那又是為什麼？」

重新了解工作、在職場的定位，與生涯規劃是任何一位工作者，在工作一段時間後，必須重新檢討與更新的。如果忘了當初為什麼進入這個行業，為什麼選擇這樣的工作，就像個案中的Amy提醒Caton一樣，也提醒了我們。我們對工作的選擇，決不單純只考慮到時薪。我們會考慮興趣、工作內容、地點、未來性等等因素。而這些常常是你在唸大學、研究所時期已經慢慢在累積與規劃的。所以一開始你會先鎖定行業、鎖定地點、鎖定企業，然後開始投履歷表。個案中的Caton犯了一個謬誤，就是便利店與設計業有很多地方不同，譬如，在便利店你無法保證每天都有八點五個小時的班可以上；但在設計公司，能保證八點五小時的時數本身，就是有價的；在便利店，因無替代風險，做了一年，你的時薪還是像被圖釘牢牢釘死在牆上的蒼蠅一樣，一動也不動；反觀，在設計公司裡，你的薪資卻會因年資、表現而年年遞升；更不用說得到的成就感。

當你開始不滿工作、不滿上司，與不滿企業時，一個有效的方法便是改變你自己。不過並不是要你逆來順受、喪失自我，而是要你用別人的觀點、外在者

（Outsider）的觀察，重新看待這些引起你不滿的情境。你可以多聽一些人的建議，不要總是從自己的角度出發。當然在挖角盛行的科技業，諮詢對象最好要慎選。你還會遇到一些好朋友，有一些一味為你抱不平，恨不得為你出口氣的朋友；也有一些只顧藉題發揮，怎麼說，都回到他自己的例子，不是他公司、老闆多好，就是他如何吃苦耐勞的克服難關的朋友。不過，如果問題真的沒那麼嚴重，那真實的原因可能是從家庭、學校出發，到進入企業的適應不良、也可能是你太在意別人對你的看法、更可能是一個工作上的小衝突。

有很多半夜溜出家門、在外遊蕩的青少年，在出事後，他們的第一個反應常常是：「都是我父母逼我的」。不過我相信，除去了藉口的外衣，他們的內心深處，是清楚知道父母親是愛他們的。

一個有名的改變自己認知的實際例子發生在有名的英特爾（Intel）公司。在一九七〇年代，Intel是動態記憶體（DRAM）的全球最大供應商，不過正面臨著日本新興設計公司的蠶食鯨吞，當時公司內部有一個部門為客戶電子表設計的CPU正在起步，如果你是企業領導人，只有一筆資金可以決定未來十年的輸贏，你會把錢繼續投資在DRAM；還是投資在只是有可能成為明日之星的CPU？

要人放棄苦心經營，而且已經有豐碩成果的事業，這是非常難的。何況你已經是世界第一、更何況要你像認輸一樣，把市場讓給非半導體正統的公司（半導體技術的發源在美國，當年的日本的半導體技術也都是透過授權取得）。當時Intel的董事長高登．摩爾與執行長安迪．葛洛夫在與其幕僚歷經許多次的策略規劃會議後，仍無法達成共識。就在最後一次會議結束後，擱在前面的挑戰仍然是不確定，沮喪的兩人單獨在會議室裡，因不確定帶來的不安襲捲了兩人的內心。葛洛夫忽然靈機一動的問了摩爾：

葛洛夫：「摩爾，如果讓我們離開這間會議室，重新進來，就像我們不曾創立過Intel，重新加入這家公司一樣，你會選擇什麼？」

摩爾：「那當然是CPU。」

當然我並不想誤導讀者，一切決策都會有完美的結局，只是當你陷入職場的兩難時，以單純、客觀、原始的立場，重新了解你的訴求、問題與渴望，重新了解企業的經營環境，與文化價值是蠻不錯的建議。

重新定義你的工作

我們觀察到有許多工作性質相近的工作者，有些人可以自得其樂，面對困難，追求自我實現；相反的，也有不少的人卻表現出喪失熱忱，產生倦怠，一直想著下一份工作會比較好。固然有許多關於工作態度的研究結果，喜歡將這兩種人以高自尊、低自尊來分類比較，或是像心理醫生克力斯丁（Keneeth W.Christian）在其暢銷書《這輩子，只能這樣嗎？》（*Your Own Worst Enemy:Breaking the Habit of Adult Underachievement*）中以高成就與低成就來分析這些差異，[1]與德芮克（Carol S. Dweck）在其著作《心態致勝》（*Mindset: The New Psychology of Success*）則以成長心態論與定型心態論來分析類似的差異。這些分類法確實都可以從內在動機去解釋造成的這兩種工作者的極端差異。[2]不過從他們的外顯行為，也可以清楚分辨不同，就如著名社會學家班傑明・巴伯（Benjamin Barber）所說：「我不把世人區分為強者與弱者、成功者與失敗者……我把他們分為學習者與不學習者。」

---

1 Kenneth W.Christian著，連映程譯，《這輩子，只能這樣嗎？》，早安財經出版，二〇〇九年十二月。

2 Dweck著，李明譯，《心態致勝》，大塊文化出版，二〇〇七年三月。

在你面對工作時，如果它充滿了挑戰與不確定性，而你也極樂意去挑戰它，期待能完成工作目標；抱著即使失敗了，也能有所收獲的信仰那你現在對目前工作內容的認知顯然是正向且積極的。但如果不是，或許應該在完全喪失熱情之前，先停下來重新審視工作目標、工作內容、資源、利益相關人與你的動機等等。

我在這裡並不針對你是那一種特質的人來給予不同的建議。相反的，我認同班傑明・巴伯的觀點，能力是可以透過後天努力學習來的，所以工作本身就是一個可以增加我們個人能力的機會。也就是說除了探討我們的自尊、成就動機外，我們可以更快的將改善放在有效的焦點上，而那個焦點就是行動與學習。

沃里絲紐斯基（Amy Wrzesniewski）與杜頓（Jane E.Dutton）研究發現，員工可以藉由改變其執行工作的方式（行動），及和他人的接觸（學習）來讓工作有意義。[3]更進一步說，透過對工作目標重新的認知建立，重組工作內容與順序將有利於你賦予工作新的意義。

經歷過早期聯考制度所帶來升學壓力的學生，一定不會忘記離大考前三個月的忐忑心情。你可以試著回想，面對學業壓力而想放棄逃避時的情境時，可以做點甚

[3] Amy Wrzesniewski & Jane E.Dutton, "Crafting a Job:Revisioning Employees As Active Crafter of Their Work" ,*Academy of Management Review*, April 2001.

麼不一樣的事情來減輕壓力？每當我問我的學員這個問題時，總有許多怪異的方法，不過最常聽見的是吃甜食、睡覺、運動、洗澡、換本書再讀。那你是否曾經嘗試過重排一下讀書計劃。不論之前排定的是否已經脫離了現實的執行狀況，還是一切都還能按你的預期進行。

說來諷刺，當年的我，讀書計劃從考前三百六十五天、考前三百天，一直到考前三個月、一個月，我都試著重新安排過，即使一再無法實現。可是如果你有相同的經驗，你一定記得每當在排定新的計劃時，總會重新考慮幾個因素，時間資源、未完成的內容、須再複習的內容、如何加速進度、該犧牲點什麼等等的其他因素（如看電視等等）。我們稱這個過程叫工作籌劃（Job Crafting）。透過重新的工作籌劃，確實可以讓壓力得到一些釋放，因為你似乎找到了新出路。透過工作籌劃可以讓你重新認識你的工作，明確看清你的目標，檢視你的資源，找到不同的工作方式，與你的利益關係人溝通，更重要的是可以附予工作不同的意義。

依據沃里絲紐斯基（Amy Wrzesniewski）與杜頓（Jane E.Dutton）提出的三種工作籌劃方法，將有助於你重新看待你的工作。[4]

---

4 Amy Wrzesniewski & Jane E. Dutton, "Crafting a Job: Revisioning Employees As Active Crafter of Their Work", *Academy of Management Review*, April 2001.

一、改變工作任務的數量、規模與種類

有許多的工作者可以重新切割工作任務成更小的任務，重新整合更小的任務成為新的任務，這個手法可以重新找到工作中最重要、最具決定性的任務。你也可以因應工作節奏改變工作觀點，重新定義查核點。這將可以讓你變成工作計劃的推動者。

蘋果電腦的設計工程師將習用的音樂播放器（Audio Player）中選歌、快進、快退等功能整合為一個圓形感應器，這個創新的設計成為iPod的必備功能，也開啟了蘋果公司為一系列的產品加入了簡化、方便的界面的趨勢，形成一股蘋果風潮，確立了微機電（MEMS）的新產業。

二、改變工作利益關係人介面與品質

你也可以考慮從利益關係人角度出發，重新思考介面的交互關係，這個工作籌劃的手法有助於提昇工作品質，並透過其他關係人附予你工作的新意義。

以往Maxwell總是將貨物送到客戶的入廠碼頭卸貨，接著與客戶進行清點驗收後即離開。在他做了三年後，Maxwell決定改變他原來的工作模式，他在卸完貨後，開始協助客戶將貨物推疊至客戶的堆高機，他認為可以透過協助客戶而多了解客戶的工廠作業。結果他發現他們公司的包裝紙箱太小，為客戶的堆高作業帶來麻煩，因此他建議公司修改紙箱的大小與硬度，除了加速盤點驗收，也簡化了客戶的工廠作業。

三、改變工作觀點

有許多的勵志書籍與演講總會鼓勵個人凡事要看好的一面，這樣可以帶來快樂，也容易產生正面的思考。而這個工作籌劃的方法就是以事實的結果，透過對工作任務的重新認知，來使工作豐富、有趣，與饒富意義。

Alex對每年都要為「降低成本」，「變更設計」的工作覺得厭煩，他不知道一味的降低成本到底對他的人生有任何意義，一直到有一天，他到大賣場，發現藍光DVD已經降價到五千元，他覺得這價錢已經便宜到可以替換家裡老舊的DVD，於是買了一台。回家後，他好奇的拆開看，發現了裡面的主積體電路（IC）竟是他去年開發的產品，他在享受高畫質的電影時，不知不覺的以自己為榮。

和上司建立良好關係

對職場工作者而言，發展好的人際關係是必要的，而這些人際關係包括了同儕、上司、客戶，與供應商等關係。對許多的經理人來說，他們的職場人際關係則更為複雜，還包括董事會、利害關係人（Stack Holder）、證券管理單位、政府機關、金融單位、學校、媒體記者，與股票研究員。不過對一個很介意同儕認同，傾向將個人發展好壞問題歸因給上司與企業的職場青春期工作者，發展與上司的良好人際關係，可能比起其他人還要迫切與重要。

要與主管有好的互動，必須先建立在好的工作表現上。每一個上司都喜歡績效好的員工，根據研究報告，對績效好的員工，上司不論在態度、接受建議與耐心上都比面對績效不佳的員工良好許多。當然每個部門內的績效競賽，總有贏家與輸家，我總會建議即使你並非績效最優秀的工作者，至少可以表現出好的工作態度，才有機會贏得上司的耐心。

在一九九八年的《執行力的個人研究報告——如何與你的上司交際》報告中，提出了與你上司建立信任關係的五個關鍵。[5]

一、通情達禮（accessibility）

在組織內能廣泛吸收、接受別人意見，也樂於與他人分享自己的看法，並能尊重上司意見的工作者，是與主管建立信任關係的第一步。

二、任勞任怨（availability）

組織內值得主管信任的員工，常常與主管上司有同理心，能認同與支持上司的壓力與決策。

三、符合預期（Predictability）

能準時完成上司交辦事項的員工，其能力是值得上司所信賴的。

[5] Eugene E.Jennings, *The Mobile Manager*, New York:McGraw-Hill,1967.

四、忠誠度（Loyalty）

發展對上司的忠誠度有時是必要的，但這裡的忠誠度並不是建立在一味聽話、巴結與奉承之上。相反地，它是建立在同理心的前提下，發展對上司的支持與協助。

五、不隱瞞問題（Honesty）

與上司的長期信任關係還是必須仰賴實際的說真話行為。不過，在此還是得提醒，說真話不意味著說出你個人的認知，並且堅持它。因為如同我們在第三章提到的，職場青春期工作者常常有認知上的不當推論，如果真有必要，還是建議以請教方式來與上司溝通較為適當。

與上司的信任關係建立將有助於你與上司的進一步互動，在此我也提出五個可以協助你積極發展與上司關係的方法，這些方法也同時有助於你渡過職場青春期，回歸企業的價值觀，並為學習與將來的升遷做好準備。

一、以主管觀點看事情

這是改變過渡個人化認知的有效方法。站在主管的位置，學習與觀察主管的決策風格，除了有助於了解彼此外，也讓自己為學習如何當一位優秀的主管做準備。一般而言，主管的觀點常常比員工正確或合適，原因是主管獲取的資訊往往比員工多，這些資訊有助於主管能以制高點與全面的觀點，進行分析與決策，所以這個制高點與多面向的考量，才是決定主管立場與觀點的主要因素，也是值得青春期員工去學習的。

二、討論工作目標與期待

定期與主管見面，釐清他對你工作目標的期待是很重要的。此舉可以讓主管放心，也可以降低彼此間的期望落差。更甚者，對你工作面臨的困難，主管也會樂於於第一時間，協助你解決。不要忘了，上司的能力、經驗，與資源肯定比你多，我們可以選擇被動等待上司來關心你，也可以主動出擊，與你上司建立協同（Co-work）的工作關係。

三、意見要有建設性

所謂建設性意見指的是能有效針對問題並具有解決方法的提議。這樣的意見普遍具有合作性與整體性，對強調團隊合作的組織而言，可以說是極為有利的。對上司而言，這樣的意見也傳達出你如何將組織利益置於個人利益之上，這將使你顯得更成熟，與識大體。

四、提出問題也要提出解決建議

誠如上述的建設性意見，上司最不喜歡員工只帶來問題，然後看主管如何解決。當然，有不少主管以解決問題與進行危機處理作為他對工作的價值定義，不過這畢竟是個人偏好，在正常組織中，仍然希望工作者能學習解決問題的能力。你必須能理解飽受壓力所苦的上司，最擔心的是你又帶來給他更多的壓力。如果你的意見與行為可以減輕上司的壓力，這些意見與行為將是受上司所歡迎的。至於對一些複雜的問題，你可以對主管陳述一些看法，然後帶出你的擔憂，接著提出對問題的一些解決辦法與建議，而將最重要的決定權交還給上司。這樣的作法除了表達你對上司的尊重，同時也展現你對問題的重視。而這樣行為的好處，除了與上司得以在建設性的氛圍中討論，也可以讓你獲悉主管的情報與訊息，並從主管的決策中學習到思慮與洞見（Insight）。

五、認同你的上司

認同並不是要你當個應聲蟲，即使在上司有不適當的行為與意見時，你都要附和或選擇默許。相反地，認同的前提是建立在尊重、同理與互助之上，並沒有犧牲是非、道德與你的自尊。我們可以來看一看以下一個真實的個案。

BVCD INC.是一家從事電子零件進出口的代理商，它在五年前開始從事快閃記憶體模組的加工生產與銷售，隨著手持裝置記憶體容量需求的增加，為BVCD帶來了不錯的收入。隨著業績蒸蒸日上，該公司也在二〇〇七上櫃成功。董事會在二〇〇八年初開始要求更具挑戰的營運目標，以滿足證券市場的期待，新任的總經理Wilson是從Silicon Flash挖角跳槽的營運副總。雖然Silicon Flash也是一家從事Flash晶圓（Wafer）銷售的公司，但並非BVCD當時的主要供應商。BVCD在三月召開了營收倍增的策略規劃會議，他對一級主管提出了擴張計劃，其中最重要的關鍵在取得更低價的快閃記憶體的晶圓貨源並避免缺貨。透過Wilson的關係，BVCD與Silicon Flash經過數次協商，Silicon Flash提出簽訂保證採購合約的建議，BVCD的長處在市場通路，所以要求

BVCD在兩年內保證向Silicon Flash採購四億顆晶片；而Silicon Flash則保障BVCD不缺貨並以現價的百分之八十作為新的價格，兩年不變。所以當策略規劃會議討論到這個策略時，Wilson認為他的完美策略，肯定會被一級主管同意並肯定。牆上的投影螢幕展示的是未來三年記憶體成長的預測曲線。大部分的主管不是瞪著圖上的數字盤算著，就是低頭不語。BVCD內負責研發的Jerry，在Wilson瞧見他時，舉手示意。

Wilson：「Jerry，你對這分合約有意見嗎？」

Jerry：「Wilson，我很認同你的看法，就是在Wafer的取得與價格，將是影響我們公司能否達成營運目標的重要因素。」

Wilson微笑示意，希望Jerry繼續說下去。

「身為研發主管，我很希望我們的供應商愈單純愈好，不然我的手下會因不同供應商做非常多的重複性工作。」

Wilson笑著回答：「所以Jerry，這份合約剛好可以解決你的問題。」

聽到上司這樣的回答，Jerry並沒有露出一絲喜悅，他接著說：「Wilson謝謝你能為我的團隊著想，不過我想提的重點是我們需要現在就決定供應商嗎？如果我們知道Silicon Flash的底限，我們也可以找Atmel議價，不是嗎？」

Wilson：「Jerry，你的意見我理解，不過這牽涉公司的誠信問題。我們不可以洩露任何供應商的資訊給第三方，別忘了，NDA（Non-disclose-aggrement）可是你簽的。」

台下有許多人忍不住笑出聲來。

但是Jerry還是再度發言：

「Wilson，我的意思並不是要你揭露，只是覺得只比一家，又簽訂保證採購量，總覺得風險高了一些。」

Wilson皺了一下眉，似乎並不高興。

「那你有更好的提議嗎？」

「Julia，妳是財務，我記得妳幫我們上過最佳投資組合的課程，就是機率的概念，能不能也請妳想一想適合用在這個情形嗎？」Jerry轉頭看著BVCD的財務長Julia說。

Julia：「Jerry，謝謝你拉我下水！你的提議確實不錯，應該是可以試試看。」

最終BVCD決定採用來自Julia的財務預測模型，對未來景氣、半導體產能與記憶體價格波動以機率進行組合運算，結果最佳組合是分散採購，而不是集中採購。

後記

二〇〇八下半年景氣急轉直下，超乎BVCD財務長的預期，雖然BVCD仍然在二〇〇八全年虧損，卻也因為沒有簽約，並沒有被請求賠償，得以小虧撐過一年。

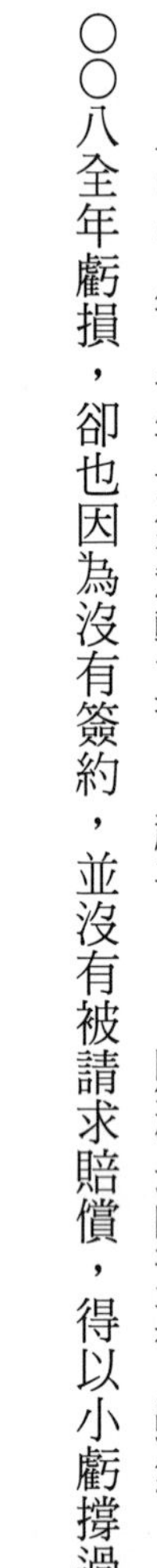

找到焦點

我在練習太極拳時，曾經發生過一件事。那一天我與老師正在推手，我發現每一個關節轉動的方向，決定了你身軀與四肢的形象，你還必須同時變換重心。那不是一件容易的事，更何況在你不瞭解對手的攻擊企圖時，更顯得困難重重。在太極拳術的練習中，老師時常扮演一位適當的對手，依據你的程度給予不同方向不同力道的施壓，來測試練習者的關節與重心的轉化功夫，這個動作有個專有名詞，稱為餵勁。當練習者能習慣了這些特定方向並且能察覺特定力道的攻擊時，就能夠有一套應對的方法（形成一種直覺，類似心理學的捷思）。這樣的過程約需一至三年，而到此頂多只能算體會太極拳的初步拳理。在練習太極拳這種轉化的過程，你會發現透過手部肢節性的關節，你常常會無法將對手的力量轉化完全，因而使自己出現

「死點」（無法變通的身體某部位，表示重心的位置），這個死點就是高手打你的點，會讓你失去重心。透過練習，轉化的關節慢慢的從肢節回到腰、回到胯，最後回到你的腳心，當你的身體因受外力而可以有腕、軸、肩、脊椎、腰、胯、膝、踝等關節的不同排列組合，敵人是會感到一種「空」的恐懼感，像用力去推一個海棉一般。

好了讓我們拉回焦點，之所以用太極拳當例子，是因為當我們受到外部的力量時，不論是壓力、阻力，我們常會不自覺把焦點放在解決這個力量的受力點上，而忘記了腳心才是真正問題之所在，因為腳心決定的重心位置，才是我們的焦點。

在職場上，我們對某種奇怪的信念應該不陌生：

「別人不好，代表我很不錯，或者不會差到哪裡。」

這是一個典型的防衛機制（Self-defense Mechanism），佛洛依德稱之為投射（Projection）。這種防衛機制，常只為了挽留一點點的自尊心，卻嚴重影響到我們，使我們看不到焦點。例如一位達不成組織設定目標的業務，最常聽到的報怨是：

「公司的產品不夠好，定價過高。」

「市場衰退。」

「公司的信用不佳。」

「別的業務銷售也不理想呀！」

這些外部歸因甚至拿別人的好壞來做為自己的比較基準，但是這樣的行為並無法讓我們發現自己真正的問題，像是：

「我的銷售技巧不足。」
「我對產品的了解不夠。」
「我對市場的認識太一廂情願。」
「市場真正能接受的價格我仍然不知道。」
「別的業務成績不好，是否我也有犯了相同的錯誤。」

如果不能克服防衛機制，將外部歸因轉變為內部歸因，你將永遠看不到真正的問題。

找到了你的真正問題後，有那些簡單的認知或行為可以有效的協助你解決這些真正的問題，這個簡單的認知或行為我們就稱它為「焦點」。這也是心理學焦點治療所大力採用的方法，與其斧底抽薪解決根本問題，不如先找出一個可改善問題的焦點，先得到一些正向的改善，予以複製。

以上述達不成業績的業務人員為例，他的焦點很可能在他已經成交的客戶身上，藉由分析、假設、實驗，他有機會發現改善業績的焦點可能在他的態度或是客戶的挑選上，而不是歸咎於景氣或者是產品難銷售。

老實說，焦點治療雖然效果顯著，但是要面對問題的個人，自行發掘，是有點緣木求魚，所以透過專家的協助，可以產生較好的效果。問題是，在企業內，這樣的專家，可能根本不存在，所以我建議你可以按照以下的簡單步驟找到你的焦點。

拿出一張紙與一支筆：

(1)寫下你最近不滿／不順利／不平衡／想離職的事件或原因。
(2)寫下你看待這件事的情緒。
(3)如果你沒有遭遇這些不愉快，你今天會做哪些事？你又怎麼想？
(4)寫下別人／主管／企業可以怎麼做會讓你不會那麼不舒服。
(5)別人／主管／企業為什麼沒有這樣做？
(6)我可以讓別人／主管／企業這麼做嗎？
(7)寫下你對整件事的看法與現在的情緒。

例子：

(1)我每天都辛苦的幫忙做家事，今天才想要上網，爸爸就很兇的關掉網路，說我整天沉迷在網路，家裡的事都不幫忙。我明明有做家事啊！

(2)生氣憤怒。

(3)我今天應該可以快樂的上網玩魔獸，下午去打球。

(4)他應該可以先問我家事做了沒？先尊重我！

(5)可能他沒看到我在做家事。

(6)我可以先告訴他我做完家事了，並且詢問他我可以上網嗎？

(7)雖然我還是有些生氣，不過好像是被誤解，而不是一開始認為我爸爸不講理。

在上述的例子中的第六點就是解決這個玩魔獸小孩問題的一個焦點。如果你清楚，你可以改稱已經做完家事的小孩，讓焦點更明顯。

有時候焦點並非那麼容易被發現，或者你會懷疑它的有效性，這是專家可以判斷的地方，對個人而言，透過反覆的練習，你還是可以慢慢地發現你遭遇處境的焦點。

例子：

(1)我每天都辛苦的加班，每次我離開辦公室時，我幾乎都是最後一個人。總經理總是對我的表現不滿意，卻對沒加班不過口才好的A君讚譽有加，真不知道我們企業是根據什麼判斷好員工！

(2)沮喪、熱情消失、不滿老闆不公平、討厭拍馬屁的A君。

(3)我如果今天開會沒有被老闆罵，我現在應該對我今天處理的事感覺高興，甚至明天一早趕快告訴老闆。（不過現在我不太想告訴他了！）

(4)他應該可以更尊重我，沒看見我的功勞也要知道我的苦勞，不要在會議中直接講我的不是，而是可以私下找我再告訴我。

(5)可能他要表現管理有方，在會議中一聽到我表現不好的成果，難免會急著責備我，希望糾正我改善我的成果。

(6)告訴他我加班的發現，希望他給我一些事先的建議，避免他在會議中臨時知道我的工作內容，被迫急著糾正我的方向。

(7)雖然這樣有點拍馬屁，不過好像我比較理解該怎麼跟總經理相處了。

上述的推論可以協助這位女士找到焦點：「會議前先讓總經理清楚你的工作結果」。你可能會懷疑這樣找到的焦點，透過力行，真的能改善你的困境嗎？我們可以來看看一個真實的例子，在《改變，好容易》（Switch:How to Change Things when Change Is Hard）一書中，作者奇普・希思（Chip Heath）與丹・希思（Dan Heath）提供了一個例子。[6]

一位喜歡打架鬧事，屢勸不聽的問題學生，他的學業成績當然也不好，大部分的老師都已經習慣了對他視而不見，只要他沒搗蛋，曠課遲到也不在乎。該校在新的學期來了一位新的輔導老師，經過幾次晤談與觀察，他發現這個孩子比較不排斥某一位老師的課，在她的課堂上也比較不會搗蛋，這激起了該輔導老師的興趣。他進一步的觀察發現，這位老師與其他老師的差別，是這位老師總是很尊重的在他進入教室時，稱他的名字，在收作業時，也一定等到他的作業上前交完，不管完成與否，或是寫對寫錯。這可能就是焦點。所以我們可以從「一個愛搗蛋、翹課的孩子」的看法轉變焦點成「一個喜歡被尊重、需要被等待的孩子」。

---

6 Chip Heath & Dan Heath著，陳松筠譯，《改變，好容易》，大塊文化出版，二〇一〇年九月。

當輔導老師要求每位老師盡量實行此一原則時，該學生的犯規次數大幅下降了三分之二，雖然還是沒有完全徹底的改善，不過也很難找到效果這麼明顯的簡單方法了。

例子：

⑴我出差這麼辛苦，有時從異地回到家都已經超過深夜十二點了，我到機場搭計程車回家，有何不可？為何會計要退我的費用報銷，說什麼公司規定必須搭乘大眾捷運工具，難道她就不能給我通融。這麼多年，我沒有功勞也有苦勞，我當年追隨老闆在外跑客戶時，她這個小會計還不知在那裡？最可惡的是竟然在今天的主管會議公開要求老闆再度強調公司政策，擺明在眾人面前甩我耳光，我恨不得找她大吵一架。

⑵極端憤怒、覺得不被尊重、完全喪失工作熱情。

⑶如果會計不要計較，今天也不要提出來，沒有人會覺得我浪費，我也不會被老闆盯上。那我現在還是照原訂行程打電話給客戶，向他推銷公司的新產品。

⑷會計應該可以更尊重我，沒看見我的功勞也要知道我的苦勞，不要在會議中直接講我違反規定，而是可以私下找我問一下，了解我的辛苦。

(5)可能她要幫公司節省，畢竟我沒把業績做好也是事實。可能她也不敢私下找老闆，如果她把關不嚴，被老闆發現，可能會被罵得更慘，加上透過公開討論政策，可以清楚知道老闆的態度。不過也有一個可能，就是她要找我的麻煩。

(6)下次應該在申請單上加上我搭乘計程車的原因，當她再找我麻煩時，尊重她的立場，請她送給老闆決定。

(7)我的問題好像不在計程車的幾百元車資，而在我的辛苦沒人肯定，我不太生氣了，只是有一點不被尊重的難過。

以上這個例子，是我早年處理過的一個真實案例，可惜的是，該員工並沒有依照我給的建議，嘗試找到焦點，而是以情緒性的粗話，來謾罵會計，雖然他事後解釋這是他的合理情緒表達，卻引起了會計的屈辱，憤而將文件丟到地面，轉身離開他的辦公室，更可悲的是，十分鐘後，個案中的他，走向會計的辦公室，粗暴的拍打她的大門，叫囂要她出來，直到該行為被他人制止。如果事情進展到如此地步，你是當事者，你會怎麼面對？這位員工接連請了三天的假，最後他選擇了離職。

從這起真實的故事，我們發現，透過焦點的重新發現，是可能稍稍改變我們一開始的認知，進而影響我們的情緒。焦點找到了，接下來就是持之以恆的進行焦點的行為，你們可以以前面那個被老闆罵又常加班的角色為情境，讓老闆了解你的工作辛苦，並且讓他先糾正你的工作方向，是可以大大改變老闆在會議中對你的指導或是批評，這也正是焦點威力之所在。

尋求協助

我一直記得，在早期創業時，雖然團隊經營得很努力，但銷售業績始終不見起色，眼看投資人、員工與我的錢就快要用罄，原始股東找我討論時，我總帶著防衛的態度與他們溝通，大量的引用外部歸因來為不佳的業績找到一個讓彼此心理好過的理由或藉口。所以當這些有人脈又有錢的投資人聽完後，只是眉頭一皺的離開。直到有一次一位來自國外的投資人Katherine與我約見面，我一如往常的準備了說詞，就等她發問，我來回答。

Katherine：「Benjamin，我知道你是我認識的CEO中最努力的一個，經營一家公司真的不容易，現在公司到底面臨了些問題？我可以為你做點什麼？」

這句話，與她展現的態度讓我當場覺得自己很自私也很汗顏。我確實一廂情願的依照自己認為可以成功的方式在經營公司，即使在危急的時候，都忘了需要尋求協助。

這也是一般人非常容易發生的問題，不論你面對的問題是什麼？我們常常無法一眼看出什麼才是真正的問題。透過別人的協助，我們可以有很大的機會幫自己找到一些可行的解決方法。但是往往大部分的情形是，我們懷疑透過非當事人，能得到什麼協助，我們誤以為：「**我遭遇的問題具有特殊性與單一性，別人也無法幫我們什麼？**」

這可能又是一個錯誤的信仰。雖然我們每個人都是獨特的，但是並不特殊，特殊到別人都沒有經驗與能力幫助我們，而必須完全靠自己去克服所有的問題。這樣的信仰極有可能是我們被自己愚弄了。因為我們可能已經設想要得到的協助是：

「這不是你的錯，這個問題真的太極端了，別人絕對遇不到。」

「這不能證明你的能力有問題，而是你的老闆太苛刻了。」

「你好可憐，我深表同情，你的處境真的太艱難了，絕對沒人可以克服。」
「你好勇敢，我相信你的才能一定可以搞定它。」

如果你期待的是透過別人的協助得到這樣的回應，那麼你能告訴我那一個回答解決了你實際面臨的問題？所以就像法國社會心理學家勒龐提到的：「那些偉大人物的特殊事績是真的？假的？一點也不重要，最重要的是你只相信你認定的那樣。」[7] **尋求協助並不是在尋求肯定與認同，這兩者有著天壤之別**。就像早年我曾經幫忙一位擔憂的母親，與她逃家的孩子聊一聊，當時我對他逃家的行為並沒有給予同理心，反而一味的告訴他，他母親為了他多年來的辛苦，與他逃家後，焦急找他的感受，雖然他當場也難過落淚。不過一個月後他又逃家了，他跟他的朋友說他才不想見我，因為我根本不了解他，我只是他媽媽的同路人。

為什麼我們可以在許多的社會新聞中看到，有不少逃家的青春女孩被迫賣淫，逃家的青少年孩子因為追求金錢而走私販毒，翹家的少女到酒店上班養小男朋友，這些不可思議、層出不窮的青少年社會問題，都跟這些青少年尋求認同有關。他們

[7] 古斯塔夫・勒龐（Gustave Le Bon）著，周婷譯，《烏合之眾》，臉譜出版社，二〇一一年三月。

寧願不要自尊、糟蹋自己的身體與人生，只為了獲得在家庭得不到的肯定與認同。他們幾乎口徑一致的說：「在家庭裡沒有溫暖。」

所以我也得在此提醒各位，當你在職場遭遇到問題與挫折時，或許在情緒上，你需要的是同理、安慰，與支持；不過理性的部分可能才是解決你真正問題的關鍵，永遠不要忘記尋求這種協助，即使它聽起來不那麼讓你感覺良好，就像中國有一句話：「忠言逆耳」。

一個人如果正經歷被開除、減薪這種巨大壓力時，要他坦承的與別人分享，尋求協助，或許真的有些不太實際。不過我還是要提醒，我們不要再一味的尋求肯定與支持；或許更健康的作法是，尋求別人來協助我們，檢查我們的想法與推論。切記，協助很難也很少能解決你面臨的問題，但唯有改變我們自己的認知，才可以解決我們真的問題。就像你在陷入財務困境時，你可能急需要、也渴望要，即使是陌生人，可以直接拿錢給你，但是這常常是不切實際的，但你的確可以尋求別人協助你，檢查你花錢、用錢，與儲蓄的習慣，來讓你改變你對下一筆財富的想法。

多給別人認同

各位應該都有到餐廳用餐的時候，也一定會遇到態度佳與不佳的服務經驗。在下次到餐廳用餐時，你可以做一個小實驗，只看服務員的優點，即使是那麼一點點小優點，然後給予一點點口頭讚許，像：「你的態度讓我很愉快」、「你對你的工作很努力喔」、「你好專業喔」、「你的聲音好好聽」等等。接著偷偷觀察接下來該服務生的行為，你會意外的發現，他／她的工作效率、態度與表情將會有意想不到的改變，因為他／她得到了客戶的認同。

在工作上也一樣，我們常常需要來自別人對我們工作的肯定與認同。但神奇的是，獲得認同的捷徑常常是先施予在別人身上。譬如肯定認同你同事的能力、肯定你老闆的決策與判斷、肯定客戶的要求等等。透過對別人的認同，首先自己會得到一種歸屬感，覺得自己也身在該群體的一份子，參與了決策的制定、參與了同事的成長與參與了客戶產品的開發。這種透過外部行為來改變我們認知的方式，是源於心理學行為學派的學習理論，由瓦特森（Watson）與史金納（Skinner）為代表，不將重點放在無法被證實的心理狀態與潛意識（他們稱為黑盒子）上，而是注意行為產生的增強效果，進而改變我們的認知。當然能否有好的增強效果還必須牽涉到，被我們認同的他人能否給予我們善意的回應，像是微笑、開放的態度與對我們的肯定。

選擇理論的提出者，心理學家葛拉瑟（Glasser）[8]，特別強調了心理需要包括**歸屬感**、**權力感**、**自由**及**趣味感**。他是一位強調關係的心理學家，認為人與人之間唯一可以傳遞的只有信息，而唯一能夠控制的也只有行為。

歸屬感是指人類具有被愛及被屬於的需要，若不能同時得到兩者，或失去任何的一端，都會帶來痛苦，造成心理上的困擾，引起焦慮及自我放棄等心理症狀。

權力感是指一種能夠掌握所有面對的事物和一切東西的感覺，當人受到別人的讚賞和肯定時，同時會覺得自己是個有價值的人，便能滿足權力感。

自由指能夠自己選擇、自己行動、獨立、自主權等概念，對人的精神層面非常重要的，人一旦受到外力的強迫改變，就會使人產生壓力及造成衝突，更會因生活秩序受到擾亂，而產生不平衡。

趣味感提指維持個體繼續學習及工作的動力，但當人因長期工作而變成壓力時，人就會失去生活的動力。

---

[8] 選擇理論（Choice Theory）是威廉・葛拉瑟醫生在他著作《選擇理論》中論述的一個他創立的理論。他認為行為是我們生活的中心環節。我們的行為被以下的五種基因導向的需要所驅動著：生存、愛與依附、權力、自由、樂趣。

常常認同別人，同理別人的處境與遭遇的問題，可以同時滿足葛拉瑟提的歸屬感與權力感兩個層次，對建立與同儕之間的良性關係，非常的有效。每個人都希望獲得來自外在的認同，透過先期的認同行為，我們也可以有更高的機會得到別人對我們的認同與支持，尤其在你陷入青春期這種尷尬的階段，協助別人、認同別人的經驗，一來可以幫助你自己不放棄自己，不會迷惘；另一方面，你也會有來自企業內其他成員的同理與協助，不會放任不理性的認知一直縈迴不去，困擾你很長的時間。

Timothy是一位計劃負責人，他的工作是負責為客戶FFT開發二〇一一年新產品，只要跟該計劃相關，或者影響該新產品開發的進度的大大小小的事，他都必須負起責任，務必讓新產品能順利上市。要讓產品能順利產出，他必須協商許多不同的部門，包含晶片開發、系統開發、軟體開發、生產單位、品質單位與外包工廠，對此一工作其複雜度，非一般人所能想像，任一環節出錯，可能產生的連帶影響非同小可。在我訪談Timothy的一個小時內，就有大大小小，四、五件事要他當機立斷，雖然很累人，壓力也很大，不過卻可以感受到Timothy對工作的滿足感與熱情。他告訴我，其實問題絕對不只檯面上看得到的問題，還有更多問題在不同部門之內已經被解決了，這一點引起我很大的好奇，經過我像學生一樣的詢問，原因在Timothy平常管理的風格起了關鍵性的作用。他為人非常好，平常對待他的計劃成員都能充滿同理心，即使很多領域他並不專精，但是他始終抱著與其自己搞清楚再下指導棋，不如選擇相信他，再給予他最必要的協助。因為這樣的管理風格，這些壁壘分明的部門間，並沒有太多的爭執，他們都會投桃抱李的先確認自己部門內的問題，一直到無法確認或是需要其他部門的協助才會要求Timothy的協助。這是一個先認同別人，神奇的力量就會發生的真實個案。

少點負向情緒

正經歷職場青春期的個人，能透過理性思考以減少負向情緒，絕對能讓自己降低因不良認知而產生的矛盾，安然渡過此一尷尬期。負向情緒常常是我們個人錯誤認知的外顯因素，所以許多心理醫師與諮商人員喜歡透過負向情緒發生的當下找出被治療者的自動化思考與深層的認知，如果能找到這些錯誤的認知，彷彿找到了治療或促成行為改變的鑰匙一樣，讓治療者與被治療者找到了希望。所以知名認知心理學家貝克（Becker）說：「情緒是通往認知的康莊大道。」

要談情緒，我們必須先了解心理學家怎麼看待情緒。就如同前面提到的，心理學家歷經佛洛依德的精神分析理論，到史金納的行為心理理論，班度拉的社會心理理論，從極端看重我們的意識會簡約我們的動機與行為、到完全不考慮意識那個黑盒子的時期，一直到完形心理學總算是熬出了頭。它促成心理學更全面也更活潑的突破與進步。現在的心理學家普遍相信影響人類行為與情緒的因素來自他自己的認知，關鍵並不在外在事件。而在認知心理學領域中，貝克（Becker）指出，認知處理的過程有三個主要層級，其中意識（Consciousness）是最高層級，其次分別是自動化思考（Automatic Thought）與基模（Schemas）。其中引起我們負向情緒的重要過程與個人的自動化思考有很大的關係。萊特（Jesse H. Wright）、巴蘇卡（Monica R. Basco）及泰斯（Michael E. Thase）在他們合著的《學習認知行為治療》（*Learning Cognitive-Behavior Therapy:An Illustrated Guide*）一書中對自動化思考，有這樣清楚的描述：[9]

[9] Jesse H.Wrifgt、Monica R.Basco、Michel E.Thase著，陳錫中、張立人譯，《學習認知行為治療：實例指引》，心靈工坊出版，二〇〇九年九月。

自動化思考是我們身處某種情境或回想事情時，那些閃過腦海的想法。

我們每天都有大量的認知處理過程，發生在自己幾乎不能完全意識的層級中。在我們評斷日常生活的意義時，通常自動化思考會如同連續點火般地以私密、獨白的方式接連發生。患有憂鬱症或焦慮症的人通常會經驗到如洪水般適應不良或扭曲的自動化思考，這些思考能夠引發痛苦的情緒反應和功能不良的行為。

我們可以來看一看下表外在事件的發生，可能產生的不良自動化思考與衍生的情緒的例子：

事件	自動化思考	情緒
媽媽打電話給我，問我為何沒記得爸爸的生日	我又搞砸了。	沮喪
	他們為什麼不體諒我工作很忙。	生氣
老公一直抱怨家裡髒亂	你有多愛乾淨？	憤怒
	我怎麼做，他永遠不滿意，他不愛我了。	悲傷
今年我沒有調薪	公司對我有成見。	憤怒
	我是全公司最沒貢獻的人。	極度自卑
老闆唸我又犯錯了，讓公司損失不少錢。	我是犯錯了，但是是因為別人……	不服氣
	我真的很差勁，也很丟臉。	悲傷

清楚辨識我們不良的自動化思考，有助於我們透過邏輯推理的能力來檢查這些自動化思考的合理性。貝克（Becker）描述了六種主要的認知謬誤，我們可以透過練習或是尋求外援時，一一檢查自動化思考如何導致我們的認知被扭曲，進而產生負向情緒與行為，導致預言災難的發生。這六種認知謬誤與例子描述如下：[10]

一、妄下結論（Selective Abstraction）

為了支持自己對情境的偏見，漠視存在的證據，只選擇部分的證據作為結論的依據。

例子：一位男性，沒有收到老朋友的賀年卡。他心想：「我失去所有朋友了，根本沒有人會再關心我。」

二、武斷推論（Arbitrary Inference）

在沒有證據或是證據矛盾的前提下已經作出結論。

例子：今年你沒有被調薪，你猜想即將被解聘了。

[10] Jesse H.Wrifgt、Monica R.Basco、Michel E.Thase著，陳錫中、張立人譯，《學習認知行為治療：實例指引》，心靈工坊出版，二〇〇九年九月。

三、以偏概全（Overgeneralization）

僅從幾個事件的發生，就不合理的推論到所有的情況。

例子：這一季的業績表現很差，被老闆訓斥了一頓，我一定是一個想不出改善辦法的人，就像我的婚姻一樣，我是一個差勁的老公。

四、誇大與漠視（Magnification and Minimization）

把事件發生的感覺不合理的擴大或是視而不見。

例子：企業開始要求精簡人力，你便急著找工作，因為你認為公司快倒了。

五、個人化（Personalization）

在沒有證據的前提下，隨意把外在事件歸因在自己身上，將外在事件與自己產生關聯。常會對負面事件承擔過多的自責，或相反地，對正面事件，誇大了自己的貢獻。

例子：如果我可以在早一點告訴他，他不可能創業成功，他就不會走上創業之路，也不會破產了。

六、全有全無（Absolutistic）

使用二分法來比較分類自己與別人。

例子：為什麼我一直加班，我的獎金還是比Ted少，他一直都很少加班啊！

而事實是Ted可能把部份工作帶回家做。

自動化思考的價值在於協助我們能快速因應外在環境的變化，就像捷思（Heuristics）在幫助我們趨吉避兇，逃過肉食動物對我們祖先的攻擊一樣。但隨著時代，人類面臨的外在環境，異常複雜，二千年前的人可能一輩子見到的人都沒有現代人一年還多，就不用再談引起的複雜心理意識。對還在適應職場生態，尋求自我定位，急需獲得別人認同的職場青春期個人來說，因經驗的不足，對許多外在事件的判斷常常依賴不太成熟的職場自動化思考，舉個例子來說，在哥哥、姐姐、弟弟、妹妹被責備的感受，與在職場同儕中公開被老闆責備的感受未必相同，能否以以往在家庭、學校形成的自動化思考來因應？我們不得不存疑。事實上有更多的職場工作者，會對新工作無所適從，因為即使是規模、產業相同的不同企業，其文化與價值也很難找到一個通用的認知系統，也就是說，工作的轉變，我們仍然得時時刻刻檢查我們的自動化思考，在現階段是否理性且合理，並抱著重新學習與適應的準備。

Kathy曾經是一家全球頂尖的電子代工廠的研發主管，她的客戶不是惠普（HP）就是戴爾（Dell），為了滿足全球一線廠商的品質要求，Kathy已經習慣了一套標準作業（SOP）的工作流程，也與各個部門，如品管、生產、軟體部門有一定的工作界面定義。婚後，她離開了代工廠，到了矽谷一家新創（Start up）的晶片設計公司上班，她的工作是為新產出的晶片設計出符合客戶的電子產品。就在一個為客戶開發案的焦點問題解決會議上，銷售人員質疑了Kathy的人機界面設計不符合客戶焦點團體的使用習慣。

Kathy：「你說我的界面不是客戶要的？那你告訴我，客戶到底要的是長怎樣？」

銷售人員：「客戶是在測試我們的樣品時，焦點團體給的意見。」

Kathy：「那你能告訴我焦點團體要什麼？」

銷售人員：「我真的也不知道。這是一個全新的產品，客戶希望與我們協同設計，再由焦點團體判斷。」

Kathy：「那你要我怎麼做？我待過比我們大數百倍的公司，他們也從沒這樣要求我。如果你要我做事，請清清楚楚寫下你的規格，你寫得出來，我就做得出來。但是對沒寫下來的東西，我做不出來。」

總經理：「Kathy，妳講到重點了，我們不是那一家比我們大數百倍的代工廠。請你按照業務的要求修改設計。」

替代性的思考

負向思考的反面，每個人都知道是正向思考。憂鬱症患者的典型自動化思考幾乎都傾向於負面思考，如果我們要設法改變他們的想法，企圖以正向思考來取代他們的負向思考，其結果不是讓你覺得你根本不適合當個好的諮商師，就是這些人太頑固了。如同我在之前提供給企業管理者的建議，與其追求完全的轉變，不如追求一小步的成果。對認知行為治療的主張，他們要求要同理於被治療者本身的情境，引導他們慢慢發現他們自動化思考的不合理處，予以創意式但小幅度的置換他們不良的認知。我們可以舉《學習認之行為治療》一書中所提到的一個個案：[11]

[11] Jesse H.Wrifgt、Monica R.Basco、Michel E.Thase著，陳錫中、張立人譯，《學習認知行為治療：實例指引》，心靈工坊出版，二〇〇九年九月。

克里夫因工作壓力大且表現不佳，加上低自尊的個性，使他罹患了重度憂鬱，在他找尋心理師的協助時，他提到了某一天他回家，他的太太對他咆哮，因為他在當天忘記了他小孩的摔角比賽，這件事讓他陷入更深的負向思考，除了他是一個職場的失敗者外，他還是一個失敗的爛父親。經過心理師的引導，他們共同回憶起克里夫曾經與他的小孩釣魚、露營，他與他的小孩有過快樂的回憶與經驗，所以克里夫同意心理師的建議，把「我是一個失敗的爛父親」的認知，修正為「我是一個正承受壓力的父親」。

有時一點點的認知改變，卻可以帶來巨大的行為轉變。這也是認知行為治療最令人稱道的地方。當然這個例子可能讓你憤怒，你認為我指控了「偶爾為之的職場不理性行為，等同於憂鬱。」你完全正確，就因為職場青春期的異樣思考與行為並不是一種病症，你才有機會靠自我覺察予以修正。我得請你靜下心來想一想，克里夫的自動化思考你絕對不陌生，這種犯了武斷推論謬誤的自動化思考，總會在我們面對壓力時悄悄出現，只不過透過覺察與修正，我們很快找到了更好的認知予以修正，差別只是時間長短的差距而已。

讓我們想一想下面的一些例子：

⑴你發覺你的同學不比你努力，也不用加班，薪水卻高於你，最近還買了跑車，到處遊玩。

⑵你最近計劃結婚，你開始想到要買房子、車子，還要儲蓄小孩的教育費，所以你打開了你的網路履歷表，待價而沽。

⑶你很投入工作，不過最近你女朋友開始抱怨你沒休閒生活，假日又常加班，不能陪她，因此你陷入加班與約會的兩難。

⑷老闆一早比大家都早到，晚上又比大家都晚離開，大家壓力很大。

⑸勞工保護組織嚴格要求企業不可要求員工超時工作，一個星期加班時間不可超過十二小時。

當你面臨這些問題時，從腦海一閃而過的念頭是什麼？我們做一個模擬，把可能的一種自動化思考記錄下來，或許你覺得你不可能這樣想，那恭喜你，但如果你會這樣想，那也值得替你高興，因為你抓得到瞬間未修正的直覺，你改善的機會顯然比較高。

事件	自動化思考	情緒
你發覺你的同學不比你努力，也不用加班，薪水卻高於你，最近還買了跑車，到處遊玩。	不公平，憑什麼他可以拿的比我多，要不是他騙我，就是公司虧待我。對！一定是公司因沒賺錢，所以壓低我的薪水。	喪失工作動機，覺得公司不公平。
你最近計劃結婚，你開始想到要買房子、車子，還要儲蓄為了小孩的教育費，所以你打開了你的網路履歷表，待價而沽。	我可以賺更多錢，才可以過新的生活。公司無法在金錢滿足我，我就去找別的機會。	降低工作動機，覺得沒人知道你的需求。
你很投入工作，不過最近你女朋友開始抱怨說你沒休閒生活，假日常加班，不能陪她，因此你陷入加班與約會的兩難。	我喜歡跟她在一起，工作明天再做又不會怎樣。工作可以換，女朋友可不行。	喪失工作動機，出現自我服務歸因，失調
你的老闆一早比大家都早到，晚上又比大家都晚離開，大家壓力很大。	可憐的老闆，完全不懂得生活的樂趣，他的小孩一定很可憐，因為他們的爸爸是工作狂。	將人歸類，自我感覺良好，對工作的責任感衰退。
勞工保護組織嚴格要求企業不可要求員工超時工作，一個星期加班時間不可超過十二小時。	我的工作一定有問題，勞工組織的看法一定是對的。我絕對過勞了。	對工作的專注感衰退，無法從工作獲得快樂。

上表中，我將外在事件的例子所引發的可能自動化思考，與衍生的情緒作了一張表。在這種自動化思考下，我們的大腦很可能會隨著時間而自動進行更深的推論，如果在推論的過程中，失調同步發生，將使得新的推論充滿更複雜的自我服務偏誤與防衛性的行為產生。我們可以再模擬上述五種自動化思考的進一步推論。在下表中，我也將這進一步推論再經過長時間後，形成的一種新認知列出來。而這種新認知將形成一種價值觀，進而影響其日後的動機與行為。

自動化思考	進一步推論	認知
不公平，憑什麼他可以拿的比我多，要不是他騙我，就是公司虧待我。對！一定是公司因沒賺錢，所以壓低我的薪水。	(1)我的公司不願付更多的錢，難怪招不到優秀的員工。 (2)薪資高的員工一定是優秀的員工。	薪資高的企業一定是優秀的企業。
我可以賺更多錢，才可以過新的生活。公司無法在金錢滿足我，我就去找別的機會。	(1)我的公司不願付更多的錢，難怪招不到優秀的員工。 (2)有好多的新機會怎麼看都比我現在的工作好。 (3)連路邊攤賣炸雞的都開名車，我的工作真的沒前途。	錢不是萬能，但沒錢萬萬不能。
我喜歡跟她在一起，工作明天再做又不會怎樣。工作可以換，女朋友可不行。	工作讓我與女朋友沒辦法一起享受快樂。	我女朋友一定不喜歡我的工作。
可憐的老闆，完全不懂得生活的樂趣，他的小孩一定很可憐，因為他們的爸爸是工作狂。	(1)我不要變成那樣子。 (2)窮到只剩下錢。 (3)別以為拿錢可以買我的靈魂。	人生要懂的除了工作還有很多其他的事。
我的工作一定有問題，勞工組織的看法一定是對的。我絕對過勞了。	(1)公司應該需要幫員工健康檢查。 (2)我的不舒服一定是工作造成的。	工作一定等於不健康。

在認知形成的過程中，最有效的改變機會是在自動化思考形成後不久，當然已經成型的認知改變並不是不可能，而是難度相對困難許多。所以我們都存在一個機會，在外部事件發生的瞬間，啟動了我們自動化思考的機制後，我們要能清楚的看見自己的思考，接著才有機會進行邏輯的檢查，予以修正。這樣的工夫，常常可以在中國佛教裡的修行裡見到，他們稱為抓念頭，與萬念回歸空境。這裡的空境很接近我們提到的修正。當然佛教徒一定覺得這兩種層次差異太大，空境是至高無上的境界，而修正只是自動化思考的小技巧，那我可能要說明兩件事，第一，自動化思考的覺察與意願，並且成功予以修正，這樣的難度很高；第二，如果你要追求空境，就不應該有分別心去區分兩者的高與低。

有趣的是，我們在啟動自動化思考時，伴隨而來的情緒既是毒藥也是鑰匙。

> 情緒讓我們無法定下心來覺察與檢視，更不用說理性的推理；但情緒也洩露了我們自動化思考是存在，必須被注意的。

所以如果你覺得從根本（心理衛教）下手，修正不良的認知很難（我非常同意），透過心理醫生要求病人的記錄表絕對對你有幫助，這樣的記錄表至少要包含三欄，一是外在事件、二是當時閃過的念頭、三是衍生的情緒。透過事件發生當下所記錄的內容，可以在我們情緒恢復常態時提供我們重要的證據去檢查。

如果這些工具像是專門提供給有心理問題的人使用，並不適合你，我也可以提供一個很簡易的方法來進行自動化思考的修正。

山姆是一位情緒敏感且抗壓力低的人，一天跟太太茱兒外出辦事，在完事後，雙方各自離開，山姆得回公司開會，而茱兒則需要為他們小女兒採購玩具。不巧的是山姆的錢包遺忘在茱兒的背包內，當他到達停車場收費哨時，他驚覺身上一塊錢都沒有。於是他想到了他的錢包遺留在茱兒的背包裡，於是他打手機給茱兒，一連三通，茱兒都因賣場太吵而沒能聽到手機的鈴聲，收費員不屑的表情加上後面來車的喇叭聲，引發了山姆不滿的情緒，在晚上回到家之後，他與茱兒大吵了一架，他覺得茱兒根本不適合也不配擁有手機，而他卻忽略了一點：他完全忘記今天是小女兒的生日。

在上述個案中，失控的山姆已經完全被負向情緒所掌控。要與他談閃過的自動化思考與進一步產生的推論是不合邏輯與需要修正的，並不是一件簡單容易的事，因為山姆的負向情緒並沒有完全排除；再者，山姆不一定覺得他需要心理醫師的協助；更可能的是，唯一知道山姆有問題的茱兒不知道如何幫助他。不過在此我可以先說一個印地安的故事，有一位老酋長在往生前，他把他的孫子叫到面前，告訴他：

老酋長：「孩子，有一天你也會當酋長，所以我要說一個故事給你聽。」

孩子：「什麼故事。」

老酋長：「我的心中有兩匹狼。一匹充滿憤怒、自私與妒嫉；另外一匹充滿智慧、公平與正直。他們每天都在我心中彼此戰鬥。」

孩子：「誰會贏？」

老酋長：「你每天餵的那一隻。」

在瞬間察覺到有兩匹狼是必要的練習。以山姆的例子，他的不滿情緒包括：不順心、不小心、被人瞧不起與讓別人對他抱怨，這很可能起因於別人認為他是窮蛋、是偷車賊，與每次他太太逛街就不接手機這樣的自動化思考；所以在情緒發作的瞬間，他必須要有一個可以供他選擇的簡單替代方案去影響他的自動化思考。他必須要能注意到另一個聲音（另一匹狼）：我很愛茱兒、我很愛我的小孩、我不想讓我們的感情變不好。這個替代方案就是情境的置換，例如：我的小孩正在車上、我今天出門忘了帶錢、回到沒有手機的時代我該怎麼做？未來我老了，只有茱兒會陪我，等等。情境的置換雖然未必可以完全改變我們的自動化思考，卻可以說是在短時間內避免自動化思考延續下去的不錯建議。

在上面我們提到了短期高漲的情緒，我們可以使用情境置換的方法來進行一些修正。不過大部份的情形，我們還是得面對我們自動化思考所容易形成的謬誤與再衍生的不當推論。在這裡我試著將之前提到的事件與反應增加了一欄替代思考。

事件	自動化思考	替代思考
你發覺你的同學不比你努力，也不用加班，薪水卻高於你，最近還買了跑車，到處遊玩。	不公平，憑什麼他可以拿的比我多，要不是他騙我，就是公司虧待我。對！一定是公司因沒賺錢，所以壓低我的薪水。	(1)工作像在跑馬拉松，離終點還很遠。 (2)薪資像股價，有高有低。 (3)我們的工作內容可能有些不太相同。
你最近計劃結婚，你開始想到要買房子、車子，還要儲蓄為了小孩的教育費，所以你打開了你的網路履歷表，待價而沽。	我可以賺更多錢，才可以過新的生活。公司無法在金錢滿足我，我就去找別的機會。	(1)結婚期間還是先不要把生活搞的太複雜。 (2)我的工作目的只有錢嗎？ (3)我目前的工作有機會在我表現到什麼結果，足以滿足我未來的家庭規劃。
你很投入工作，不過最近你女朋友開始抱怨說你沒休閒生活，假日常加班，不能陪她，因此你陷入加班與約會的兩難。	我喜歡跟她在一起，工作明天再做又不會怎樣。工作可以換，女朋友可不行。	(1)這不應該是選擇題。 (2)我是應該多一點心在女朋友身上。 (3)我應該可以讓工作效率再提升。
你的老闆一早比大家都早到，晚上又比大家都晚離開，大家壓力很大。	可憐的老闆，完全不懂得生活的樂趣，他的小孩一定很可憐，因為他們的爸爸是工作狂。	(1)家庭經營的好壞與工時沒有關係吧。 (2)我是在尋求認同嗎？所以工作努力者，我會討厭他。 (3)那是老闆的人生選擇。
勞工保護組織嚴格要求企業不可要求員工超時工作，一個星期加班時間不可超過十二小時。	我的工作一定有問題，勞工組織的看法一定是對的。我絕對過勞了。	(1)是該限制工時，避免勞工被剝削。 (2)勞工為什麼沒有選擇的自由？ (3)為什麼是十二小時？ (4)我的工作樂趣與時間似乎不太有關。 (5)那是一個好的提醒，避免我過勞。

學習負責任

Denny是一家科技業的業務處長，他可以直接向總經理報告，不過在英挺的西裝外表下，卻也掩蓋不了他始終無法升遷到業務副總的困境。他曾經熱愛他的公司，所以願意從一家全球最大的公司跳槽來此；也喜歡他公司的產品，更喜歡強調馬斯洛的自我實現理論。但一年不見，Dennay像戰敗的鬥犬開始向我報怨。

Denny：「我真的好想離職。」

我：「為什麼？你去年還一直誇你們的公司與產品不是嗎？」

Denny：「你不知道。以前我的公司比較和善，不太會要求業績，只會問我們業務盡力了沒。你知道嗎？我們其實都很賣力。不過，今年我的老闆被董事會嚴格要求落實考績制度，我現在要揹負公司的業績，壓力很大。」

我：「你有與你的主管談過嗎？」

Denny：「有呀！不過他都是要我面對壓力，只有解決問題才能舒緩壓力。」

我：「所以你是向你的主管反應你壓力大？而不是討論如何達成業績是嗎？」

Denny：「……」

我：「我想你的老闆說的也沒錯。只是我覺得你應該向他尋求協助的是解決方法，可能不是減輕壓力這件事。」

Denny：「我不知道他能幫我什麼？我也不確定這兩者對他有什麼差別。」

我：「所以你覺得你的業績壓力大到你無法承受了。」

Denny：「對！很大。而且我覺得我好久沒陪我的家人。」

我：「嗯！我能理解你現在的感受。你覺得再努力，用盡一切方法，你還是達不成業績嗎？」

Denny：「倒也未必，只是難度太高了。」

我：「所以這些難度高的事，現在誰在做？」

Denny：「我如果不做，當然是老闆要自己想辦法，反正我老闆喜歡證明他很厲害。」

我：「那你老闆有給你一些未來的回饋？像是獎金、升遷等等。」

Denny：「提是有提啦，不過誘因不大。」

我：「那你覺得除了你老闆，有人可以比你做得好嗎？」

Denny：「應該有吧！所以我想我的公司應該找一個可以承受壓力，也願意揹負業績壓力的人。」

我：「你覺得這樣的人好找嗎？」

Denny：「不難吧！不是很多超級業務員，可以起死回生。（有點不以為然的笑）」

我：「那你覺得在用人廣告上只註明『願意接受業績壓力』的任用條件，這樣會有人來應徵嗎？」

Denny：「不會嗎？」

我：「你會去嗎？」

Denny：「當然不會，除非……公司很賺錢！」

我：「所以你覺得能協助你所謂超級營業員願意揹負業績壓力的因素還有什麼？」

Denny：「是什麼？你可以告訴我嗎？」

我：「你對你的產品有熱情嗎？」

Denny：「……」

我：「你對你的公司有期待嗎？」

Denny：「……」

我：「你對你的客戶有承諾嗎？」

Denny：「……」

我：「你要追求自我實現嗎？」

Denny：「……」

似乎Denny是一位低自尊的業務，不過也很可能是工作目標過高，讓人知道達不到而降低了自信，喪失了動機，進而衍生出了壓力。不過在這裡我並不是要談壓力與排除壓力的方法；而是要談到負責的背後動機。

在坊間有不少提到責任的書籍，不過大都偏向以正向的思考與行動來承擔責任。不過責任的承擔真的不是一件容易的事。我們可以看到政治人物因為執政成果不佳而下台、因發言失當而下台、因行為不良而下台，但問題是下台可以解決的嗎？如果不行，下台辭職的行為算是負責任嗎？多倫多大學羅特曼管理學院院長，同時也是知名企業顧問的羅傑・馬丁（Roger Martin）提出了責任感病毒的現象，在他的書中提到個人會在英雄式的勇於負責與事不關己的退縮兩者間選擇其一，當你覺得你必須、也要有能力解決問題、達成使命或是沒有任何人願意負責時，勇敢站出來承擔責任；或者是你覺得你沒有能力、並且已經有一位英雄出現時，選擇事不關己的態度，兩者都常常與別人的反應與行為有關。[12]當你遭遇別人困惑、皺眉的表情時，很可能激起你英雄式勇於負責的行為；相反的，當你遇到一個表現堅定、肯定、有信心的人時，你也極有可能選擇跟隨他，不願站出來負起大部分的責任，不論你是否有能力或者是該由你負責。提出失調理論的知名心理學家費思汀格（Leo Festinger）也提出個人很怕做選擇，太多的選擇會帶來更多的焦慮，所以人們傾向以不選擇，來避免犯錯與承受壓力。他也提到為了避免作選擇，人們會採取拖延戰術，不然就假裝自己別無選擇，或是假裝是別人幫他作了選擇，要不然就是對他自己的選擇挑三撿四，以證明他無法有更好的選擇。

所以現在我們可以回頭回答政治人物下台是否是負責任的行為這些問題了。可以確知的是這些下台辭職的行為已經明確表明當事者的態度已經從承擔責任轉變成事不關己。所以我們不能說他們負責任，而是責任已經發生轉移，而他們被外在事件打敗了，他們選擇了不同的態度。

馬丁院長另外提出了責任感守恆的觀點，當你覺得自己承擔過重的責任，就表示在組織內有人承擔了過少的責任；相反地，如果你覺得有志難伸，盡負責一些簡

12 Roger Martin著，陳琇玲譯，《責任感病毒》，早安財經出版，二〇〇四年二月。

單的工作，負擔了過輕的責任感，表示在你組織內正有人因負擔過多的責任所苦。

重要的是如馬丁所說的：

「責任分配的不當，承擔過多的一方與過少的另一方，都有責任。」

所以如果你正處於任何一方，你都必須找出另一方與他溝通解決這樣的問題。

在職場上，我們面臨比較多的個案都是主管與老闆搶著當英雄（雖然他們並不是樂意如此，因為他們比一般員工更恐懼失敗）。而一般的員工則選擇充當跟隨者。這種模式牽涉到人類的基模（Schema）。在我們遭遇到外在刺激、壓力與挫折時，我們的肌肉在短時間能做的只有緊縮或放鬆，這呼應了心理學家提出來的戰鬥（Fight）或逃走（Flight）的二分模式。當你不願意承擔更多的責任時，你的同事或是主管被迫必須要幫你承擔更多的責任，比如說某項工作或業務你一直無法上手，甚至導致公司的實質損失，這項工作或業務，被你老闆接手或轉移到另一位同事的戲碼在企業內部不斷上演。麻煩的是，這將容易導致一個不良的循環，甚至於影響了我們對彼此的看法，掉入了戰鬥或逃跑的二分思維裡而不自知。他們可能因為你的犯錯，取走了你該負的責任，你也因此而覺得不關你的事了，採取不主動的態度；而你的主管也因承擔了你的責任，對你新的態度感覺更不舒服，更不再信任你，你也因主管行為的改變，變得更消極，更不願與他面對面。知名心理學家馬丁塞利格曼（Martin Seligman）更把這種責任感不足的狀態稱為「學習到的無助感」（Leaened Helplessness），他認為：

「這種責任感不足的狀態是造成沮喪的主因，使你逐漸感覺喪失了能力，帶來更多的負面評價。」

在我經歷過的企業與員工晤談中，高階的主管陷入的責任問題，常常是承擔了過多的責任；而大部分的年輕員工或是正經歷職場青春期的員工，常常遭遇到懷才不遇、有志難伸、伯樂難覓的困境。所以對後者，我們必須要能接受兩個觀念。

在寇夫曼（Fred Kolfman）所著的《清醒的企業》一書中，他建議個人在外在事件帶來問題時，要學習負完全的責任，所謂完全的責任必須要包括到所有內外在的條件。他把一般人處理責任的角色分成受害者與參與者。所以在他書中舉出一個個案：[13]

艾斯特班是一位南美的銷售經理，當他獲悉人力資源部門竟在未告知的情況下，安排他的部門員工放假，以致於他的部門在緊要關頭時人力不足，他怒不可遏。

13 Fred Kofman著，劉明俊、羅郁棠、陳曉伶譯，《清醒的企業：提升工作價值的七項修練》，天下文化出版，二〇〇八年六月。

因為他的客戶都在北半球，二月是他部門最忙的一個月。他無法理解為什麼人力資源部門要扯他後腿，他也認為人力資源部門需要為這件事負起責任，這不是他的錯。

艾斯特班的狀況令人同情，他的認知也完全可以理解。問題是人力資源部門會主動為他解決這個已成事實的問題嗎？簡單的說，你可能希望始作俑者負完全的責任，不過情況真的很難會這樣發生。我們可以讀一讀作者與艾斯特班角色對調，讓艾斯特班扮演人力資源部門的瑞克，而作者寇夫曼扮演艾斯特班的一段精彩對話。

寇夫曼：「艾斯特班這是誰的問題？」

「當然是他們，」他憤怒的說，「他們應該在安排員工放假前，先跟我確認才對。」

寇夫曼：「誰因為他們的決定遇到麻煩？」

「當然是我。」他說。

「所以，」寇夫曼又重覆一遍，「這是誰的問題？」

一、這不是單方面造成的

你覺得公司虧待你、上司嘲諷你、同儕排擠你等等的負面看法，我們不能說你的公司、上司、同儕沒問題；但是你自己不可能不為產生這樣的結果負責。就像在《青少年期教養法》一書中，諮商作者丁克梅爾（Don Dinkmeyer）與麥可凱（Gary D. McKay）提出了：「所有的青少年的問題，最需要改變的是父母的認知。」[14]沒錯，企業如同父母，是對職場青春期的人需要做一些自身的改變，但並不代表，青少年本身不需要隨著年齡增長與經驗累積而產生改變。如果你也陷入這樣的困境，找你的上司重新談一談你的責任定位，並表達你願意承擔更多的責任，並且也提醒這對你與上司都是有幫助的。

二、支持我們承擔責任的因素

在本章我們提到了我的朋友Denny，他不願意再承擔業績責任。原因可能是他在公司內部也遭遇到馬丁提的責任感病毒，使他選擇不再站出來承擔他該有的責任。不過就像我與他的晤談內容所提及的，他除了面臨學習到的無助感問題外，他的工作熱忱、對產品的喜好、以及客戶的承諾已經降低，低到無法支持他去改變，去與他的上司溝通。簡單的說，Denny的工作動機已經消失了，如果此時對他進行自尊的

---

[14] Don Dinkmeyer、Gary D.McKay著，林瑩珠譯，《青少年期教養法》，遠流出版，二〇〇三年六月。

量表測試，應該是傾向落於低自尊的結果。（自尊量表可參見羅森貝格自尊量表）

要改善Denny的問題，可能難度很高，一來他必須要有一位了解造成壓力困擾的上司，更不用說上司也要為Denny的態度承擔必要的責任；再者，透過與主管溝通，在幫助彼此的前題下，通過重新定位彼此的責任，把Denny的責任感找回來。而這個行為的背後支持的動機（工作熱忱、產品的喜好、客戶的承諾）還必須要能慢慢重新建立。這可能很難在短時間達成，除非Denny仍是一為高自尊者，而只是短暫陷入了低潮。

所以在面對自己的責任問題時，因為它容易掉入一個不良的循環，一旦習慣已經形成，認知是很難再被改變。時時注意並且承擔多那麼一點點責任是比較明智的作法，因為它可以避免我們掉入不良循環而啟動不適當的基模。在職場上，成長是一個很重要的議題，也是一個大家普遍會追求的目標，上述的對策也容易讓你覺得時時被重視、被肯定而形成成長的良性循環。

認識與定義你的鷹架

心理學家金默（Kimble）在說明人類的學習過程中強調兩個觀念：

一、只有透過練習產生的改變，才可以稱為學習。（知識與學習是不同的概念。）

二、行為潛能並不等同於行為表現。

這兩個觀念可以讓我們理解為何有不少企業將表現（Performance）與潛能（Potentiality）分成績效考核與能力檢定兩種形式。前者是透過工作者展現的態度與行為，產生符合企業目標，並能增進分工合作，為企業帶來利益的結果，該結果大部分是由別人來鑑識與評等的。而後者則是你「可能」具備的能力，該能力可以在透過培養、訓練、練習而轉變成表現的一種智能。要了解存在表現與潛能發展之間的空隙，我們要探討兩個理論，這兩個理論在之前我們也都提及過，分別是鷹架理論與近側發展區。有趣的是這兩個理論是脈絡相傳，都是由知名蘇聯心理學家沃高斯基所提出。我們如何知道這個行為是受到企業讚許與鼓勵的，當然現實答案可以是從企業財報反應出來。不過一來這種回饋機制實在太長、太久了，很難成為正向學習的主要制約刺激；另一方面，企業鼓勵與讚許的行為，除了財務目標外，還有許多的非財務目標，比如新技術的開發、品質的改善、人員的向心力、組織成長與社會責任等等。這些「好的」行為，我們之所以知道，就是沃高斯基所謂的鷹架，已經有許多團體的人、事、物幫助我們個人在認知上建構完成，所以幾乎不用太去思考，便知道我們該怎麼做，會得到企業的肯定。不過這種行為，常常不太能長久帶來我們成長的知覺與想要表現更好的工作動機。充其量只能說達成企業要求的標準，並不會讓你特別突出、搶眼，甚至成為明日之星。

卡琳是全國服飾的店長，該企業在全國擁有一百五十家門市，主要銷售流行與平價成衣，而其消費族群則大都是剛進入職場的女性。卡琳因為曾經在一些公司與行業工作過的經驗，加上她獨到的美的鑑識力，她總是可以輕易的抓住客戶的喜好，並透過她的職場經驗，給予初出茅廬的年輕女性非常得體的建議，所以她不論在客戶滿意度與個人業績上都明列區域冠軍。不過令她不解的是，以她的表現，應該可以在去年當選公司最佳金店長，該獎項是全國服飾的前總裁所設立，每三年選拔一次，旨在獎勵表現特優的店長。但是她卻在區經理提名後，在第二輪被淘汰。

卡琳終於按捺不住內心的疑問，她主動找了她的區經理琳達，希望能知道：「總公司對她有哪些不滿？」、「她該怎麼做，才符合總公司的期待？」

一個月後總公司的人力資源副總皮特趁著卡琳回總公司訓練期間，約了她共進午餐。

皮特：「卡琳我聽到了妳的事。很遺憾妳沒能得到金店長獎，不過公司上下都清楚知道妳的能力，也肯定妳的貢獻。」

卡琳：「皮特，謝謝你的體貼，不過這些對我來說並不重要，我想知道的是我該怎麼做才能被我們的老闆們肯定。這一點對我真的很重要。」

皮特：「卡琳，你的業績表現是非常棒的。」

卡琳：「我知道，但還有嗎？」

皮特：「不過，這個前總裁設立的獎，是頒給優秀的店長，不是優秀的業務員。」

卡琳：「你的意思是……？我不太懂！」

皮特：「卡琳，你覺得一位優秀的店長應該包含那些優秀的表現嗎？」

卡琳：「這正是我想知道的，請你告訴我。」

皮特：「我能問妳一個問題嗎？卡琳。你沒有得獎的結果，你店裡的員工有像妳一樣難過與不解嗎？」

卡琳：「你要我怎麼做？」

皮特：「展現一個領導人的影響力，我想是你沒讓自己被關注的原因之一吧！」

上述的例子，說明了一般我們相信只要我們全力以赴，並且幫公司達成獲利的目標，我們應該會有好的考績，並且會獲得賞賜。這個認知大都來自社會、朋友、家人的鷹架。因為她的鷹架作用，卡琳展現了好的表現，但也因為這個結果，讓她無法理解如何成為一個成功的領導人。

不過卡琳的故事倒也給了我們一個很好的啟示。那就是近側發展區的概念。在他落選以後，她有了想要改善、變得更好的動機，如果總公司或是皮特可以給她更適合的發展目標，一旦卡琳可以發展成功，對全國服飾公司來說，他將得到一位非常優秀的店長。

看完上面卡琳的這個個案，我們應該可以學習到鷹架的建立固然可以協助我們學習技能並且關注於有益於企業的行為。不過也因為這樣我們常常會陷入我都已經為企業如此努力了，為何還是得不到肯定的疑惑。能不能得到老闆上司的適時回饋至關重要，一來這可以確認你的鷹架建築在與主管期望相符的地方；另一方面也可以了解自己還能再開發與成長的空間，這後者就是近側發展區的利用。

沃高斯基提出的人類發展理論中所謂的近側發展區（ZPD，the Zone of Proximal Development）指的是，個體在獨自解決問題所反應出的實際發展程度，與經由旁人從旁輔助或與有能力的同儕合作解決問題所反應出的潛在發展程度之間的距離。

這個最適當的輔助人很可能是你的上司、有專業能力的同事、或是有洞察力的主管……等，這些人都可以稱為你在學習成長上的標竿人物。

但是如果能將你的近側學習區搭建的鷹架與主管的期望、企業的價值結合，這對你來說是將個人的職涯發展與企業同步，不論在認同上還是獲得主管的肯定上，絕對會有意想不到的收獲。

處理你的壓力

安祖・杜布林（Andrew J.DuBrin）在他的《應用心理學：提升個人和企業組織工作績效》中提到一個個案：[15]

Heather為電信公司的產品發展專員。過去七個月她是產品發展團隊的一員，團隊裡的人是公司從五個不同部門召募而來的。

---

[15] Andrew J.DuBrin著，《應用心理學：提升個任和企業組織績效》，雙葉書廊，二〇〇七年。

Heather先前在行銷部門擔任全職工作，她主要負責研究新產品構想的市場潛能。Heather先前在行銷部門的職位符合其生活方式的要求。Heather認為她能同時照顧她的家庭與工作而不必犧牲一方。如同Heather解釋的：「我的工作從早上八點半到下午四點半，晚上跟週六很少有工作，但晚上及週六我可以在家工作。」

「我先生布萊德和我工作安排順利，我們分工合作照顧兒子，接送他上下學。布萊德是一個致力於工作的會計師，因此他明白工作第一，但同時也必須是居家好男人的重要性」。

在賴瑟的產品發展的團隊裡，她遭遇到許多非預期的要求。

團隊領導人提勒（Tyler Watson）宣佈一個緊急會議，要討論新產品的預算問題。會議將在四點開始，可能到六點半結束。團隊領導說:各位別擔心，如躲看起來會超過六點半，我們會訂一些中式餐點。

賴瑟一臉恐慌，她告訴提勒：「我沒辦法開這個會。克里斯多福五點在托兒中心等我。我先生不在鎮上，而托兒中心六點準時關門。所以今天的會議不要把我算進去。」

提勒表示：「我說過，這是個緊急會議，我們需要所有成員參加。妳需要更妥善規劃自己的個人生活，才能成為團隊裡有貢獻的人。做你必須做的，至少這一次。」

賴瑟選擇在四點半離開辦公室好去接克里斯多福。第二天，提勒沒有提到她缺席。然而，他給她會議記錄，並要求她輸入。預算問題在一週後再度浮上檯面。高階管理者要求團體減少新產品的成本，以及原先的行銷成本要減少百分之十五。

提勒在禮拜五告訴團隊：「我們一直到禮拜一早上才要降低產品發展的成本結構。我要把計畫分成幾部分。若我們整個團隊在禮拜六早上八點碰面，我們將於晚上六點完成工作。好好睡一覺，好讓我們明天早上有個全新的開始。早午餐由公司請客。」

賴瑟可以感覺到壓力淹沒她的身體，如同她心理想的：「克里斯多福明天早上十點打小聯盟足球競賽決賽。布萊德已經預約六點的晚餐，好讓我們趕得上八點的歌劇魅影舞台劇。我應該告訴提勒他不合理嗎？我應該放棄嗎？我應該告訴克里斯多福與布萊德我們相聚的時刻比不上星期六的公司會議？」

許多職場工作者確實都曾面臨個案中賴瑟面臨的困境，而這個困境衍生而來的壓力常常令人不知如何因應。這種來自組織的壓力，我們必須要承認這是一種企業的常態，有許多人會將這些「過份」的要求，歸因於領導人自己自私的決定。其實這種壓力在我們沒有與個人安排、家庭規劃、價值觀、生涯規劃、健康等因素發生衝突時，我們並不容易察覺它的存在。

一旦衝突發生，隨之而來的壓力會讓人產生負面的情緒與想逃離的動機。那要如何面對與處理這種壓力呢？有幾種實際的做法可以供大家參考。

第一是重新安排你的生活。從工作需要你的角度看壓力，而不從你是否需要這份工作的角度來看。這會是截然不同的結果。一個需要你協助的組織會激起你的投入與熱情。你需要為工作即早規劃你的生活與作息，以因應它可能發生的壓力。

第二是取得家人的支持。家人對你工作的價值判斷，猶如之前提到的是一個鏈結關係，他們的不支持源於對你的心疼與愛護。如果你能事先與家人取得共識與支持，你將免於受到像上述個案中賴瑟的窘局。

第三是接受你的情緒為它臣服。接納在壓力下我們產生情緒是正常且合情合理的；但放任情緒的渲染而導致傷害組織與他人的行為，則是不被鼓勵的。學習從情緒中抽離，必須先學習接納它，一味的否認會帶來更大的壓力；也只有如此，我們才可以理性處理我們的壓力，而實務經驗告訴我們，一但能妥善接納與處理我們的情緒，壓力也瞬間降低，更有助於我們找到更好的解決辦法。

面對你的衝突

Eugene是New Tec科技產品設計代工公司的專案經理，該公司的業務以專門為品牌客戶開發設計新的科技產品並收取設計費，與產品銷售的佣金為收入。在七個月前一家義大利的二線品牌SAMO主動找上了New Tec，希望New Tec能為其開發下一年度新的門鈴產品。但因為New Tec的人力資源有限，以往該公司只承攬一線品牌的設計開發案，今天SAMO主動找上門，並一再強調其做大市場的企圖心，希望有口碑的New Tec能為其服務。

在雙方談定合作的過程，New Tec的總經理Patric知道SAMO的市場實力，對該合作案並不積極。然而Eugene因為秉持服務客戶的精神，一直希望合作案可以成行，他也知道Patric的擔心，所以他清算New Tec在下半年可能閒置的人力資源觀點，提出承攬該專案的建議。New Tec最後通過了該案，不過也同意了SAMO提的開發費減半，但承諾提高生產量以補償NewTec的損失。

在計劃開始之初，一切都在Eugene的掌控中，新產品開發進展非常順利，不過就在計劃執行半年後，在SAMO需要支付第二比款項時，突然要求更改規格，規格的更改對New Tec來說，是一件大災難，因為軟體、硬體必須全部修改，這將使得時程延宕三個月，這也意謂著New Tec如果不另收取費用，該計劃將會虧損。按照合約的內容，SAMO是不可以修改規格，但是SAMO一再強調，規格如果不改，他們的客戶是不會向他們採購。在週三的一場會議，New Tec總經理Patric決定砍掉該計劃，以避免更多的不確定性與損失，而將人力轉調到更有把握的計劃上，但是Eugene卻一再地與Patric唱反調，他認同Patric提出的財務數據，但是卻強調服務客戶是不可以打折的觀點。

最後New Tec在Patric的要求下暫停了該項合作案，不過Eugene認為這並不符合公司長遠的利益，一來對聲譽有影響、二來說不定SAMO的產品會大賣，為NewTec帶來大筆的佣金、不過重要的是他不知如何向SAMO開口說，計劃被迫終止。於是在Patric仍未提出新計劃前，Eugene仍然繼續要求工程人員幫SAMO完成開發案，但他的內心卻不停的衝突，他想再一次向Patric提出：「再給一次機會的要求，雖然他知道Patric的財務預測可能性很高。」；「他又覺得計劃終止對他與對成員的士氣打擊很大。」；「另一點他又覺得情緒很難平復，他沒有功勞也有苦勞，為何Patric可以漠視他們半年來的努力。」

衝突（Confliction）的發生並不是一般都會伴隨著激烈的爭執或是抬面上的較勁行為。尤其在企業內部，衝突更是常常發生，它可能沉潛在領導人或員工心裡、可能積壓在某些未攤開的管理細節中、也可能在未來反應的客戶關係中、也一直發生在企業與競爭對手之間的消長變化中。這些衝突可以概括被包含在企業經營的風險中，它往往跟決策行為扯上關係，尤其在現今講究強調果斷明確的決策思維風氣下，更助長了衝突發生的機會。比較令人欣慰的是，這樣的風險顯然比雷曼兄弟的系統性風險來的好管理與解決。

工作衝突的來源依據安祖・杜布林（Andrew J.DuBrin）[16]在他的《應用心理學：提升個人和企業組織工作績效》中提到的六種來源，分別是：

一、有限資源的競爭。
二、目標與目的之差異。
三、代溝與個性的衝突。
四、性別差異。
五、競爭的工作與家庭的要求。
六、性騷擾。

---

16 Andrew J.Dubrin著，《應用心理學：提升個任和企業組織績效》，雙葉書廊，二〇〇七年。

在上述的六種衝突來源，在職場上發生的機率都不低，不過在此，針對改善適應企業生態的員工而言，我不去談性騷擾的部分。上述的Eugene個案，顯然衝突的來源是前兩者，一者為資源的配置觀點產生的衝突、二者為對達成NewTec企業目標與採用的手段不同所形成的衝突。我之所以提出來，並分析衝突的來源，是因為這幾乎是企業內的常態，並不是一個特殊的情境，對學習渡過青春期的員工來說，這是必須先有的一個認知。

事實上，每一個企業的績效表現，在許多的研究中都證實了適當的衝突，反而可以為企業帶來較佳的表現。不過這個結論下得有些粗糙，因為適當的衝突指的是：可以為企業各部門、各層級、各功能提出一個讓企業改善的問題假定；而企業也必須具有學習動機去進行面對衝突的改善。

在上一節，我們提到了Heather的個案，在她面臨衝突時，自問自己的三個問題中，沒有一個是面對衝突的解決觀念，她顯露出「戰或逃」的基本反應，而在第三個問題中，將工作與她的家人放在天平的兩端進行全有或全無的推論選擇，更是讓自己內心的衝突加劇，更容易陷入失調的心理狀態。在接下來，我將介紹簡單的四個步驟，協助大家解決衝突。

一、找出談判空間

常常我們在處理衝突的先決條件，是找出斡旋空間，那是任何處理衝突的第一步驟，也是決定成敗的關鍵行為。以上述New Tec與SAMO的個案來看，Eugene確實面臨了一個衝突，這個衝突帶來了認知上的不一致，使他容易進入失調的情境。首先他必須找出存在他與Patric、New Tec與SAMO的可能空間，好進行衝突的緩解。還記得我們在探討自動化思考談到的一個全有或全無的謬誤：「我喜歡跟她在一起，工作明天再做又不會怎樣。工作可以換，女朋友可不行。」

Joy是YKG科技研發公司的研發工程師，頂著令人羨慕的學歷，雖然他的所學並不完全適合待在YKG的研發部門，但因他的主管認同Joe的潛能加上他的企圖心，他還是如願的進入了YKG。不過就如同一般人對科技研發的認知一樣，該工作的工時雖然明訂四十五小時，但往往是超過。原因可能是產業的競爭加劇，速度是一個重要指標、可能是研發人員對產品開發的熱情、也可能是像Joe一樣，因為所學與工作內容有落差，他必須利用更多非工作時間，補足這個差距。Joe的女朋友在一家百貨公司擔任銷售人員，其工作時間更長，而且假日常常無法休假，這倒也使得Joe沒有面臨女朋友與工作競爭上的衝突。但在三個月前，Joe的女友因表現不俗，被拔擢到管理部門，該公作的時薪增加，但工時卻縮短，最重要的是，工作天數變成周休二日。Joe開始受到女友的抱怨，從「愛工作勝於愛她」，到「一個不知如何平衡生活的無聊男子」，甚至她威脅他，她「會慎重考慮是否嫁給他」。這些事件帶給Joe非常大的壓力，也產生很大的衝突。當年Joe為了追現在的女朋友，花了很大的苦心，他很擔心，因為他的工作讓他失去女友。因此，他打聽到了一家公司，對工作的要求比較低，雖然與他的所學和這二年磨練的新技能沒那麼相關，但是不需要加班。就在最近一次Joe的主管要求他在晚上留下來幫忙時，在心中出現了一些自動化的思考：

「我喜歡跟她在一起，工作明天再做又不會怎樣。工作可以換，女朋友可不行。」

「這個工作會影響我的感情發展，甚至讓我失去她。」

「工作與她，我只能選一個。」

「我花了許多精神才追到她，工作不用花那麼多精神還是可以找到的。」

在這裡我不想再對自動化思考多所贅述，我們要先將焦點移到衝突這件事。在Joe的認知裡，因為掉入了邏輯上的謬誤，使他被迫需要在工作與她之間作一個全有或全無的選擇。如果我們把Joe的工作觀放進去決策的一環，或許他的想法會不一樣，因為這有助於他找到衝突的斡旋空間，並不是全有或全無的命題。Joe如果喜愛他的工作，他是必須與女朋友溝通，並取得她的尊重，並非全有或全無（工作比她還重要）的決策。

這個斡旋空間的發現，將有助於既滿足女友的期待，也能滿足你對工作的投入感。比如事先規劃的假期、工作的更有效率、選擇在組織裡沉潛，不拼出頭等等。這些選項都有助於Joe降低他的衝突。

二、專注在利益而非立場

二〇一一年七月，當天的氣溫是攝氏三十七點二度，有數千名勞工走上了台北街頭，原因並不全然為了爭取他們的工資，而是為了捍衛被賤踏的藍領尊嚴。就在遊行的前一天，執政的國民黨在勞工期待的百分之三十最低工資調幅，與工商團體要求的百分之三之間，選擇了一個折衷（妥協）的數字百分之五點七。這個結果，也引起了工商團體醞釀產業外移，並造成執政的國民黨支持度下滑。這是一個三方全輸的衝突解決方案。

在衝突的解決策略上有五種型態，分別是：競爭、合作、折衷、逃避與順從。這五種模式的關係可以見下圖。[17]

困難的地方不在於專家可以把衝突的解決類型分幾類、如何分類，而是在該採取什麼樣的策略。不過根據我的經驗與看法，許多的專家與顧問所進行的工作常常是事後的結論，並不是事先的分析。這並不奇怪，因為整個社會科學的發展就是一部「歷史」，並不是預言書。從社會科學最賴以為生的統計分析，只有一個小部分談預測，其他部分幾乎有百分之九十九在進行已發事件的證實分析。不過坦白說，最近幾年在社會科學的研究上，導入了醫學的實證主義，已經讓其前進了一大步，我們也不忍苛責。

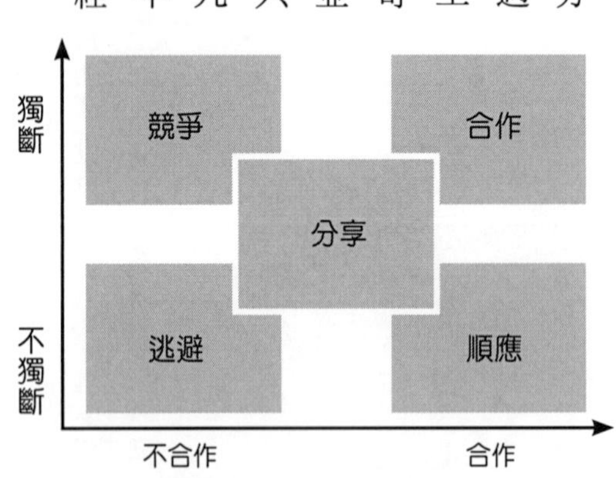

一方滿足對自身關切的渴望，一方面滿足他人關切的渴望。

[17] 美國的行為科學家托馬斯（K. Thomas）和他的同事克爾曼提出了一種兩維模式，以溝通者潛在意向為基礎，認為衝突發生後，參與者有兩種可能的策略可供選擇。

為何台灣的國民黨在處理最低工資這個衝突劇烈的問題時，選擇出了錯誤的解決策略？我們可以依社會科學的一大堆學理，去分析它失敗的原因。不過我並不打算這樣做。我想談一談一個更深的社會問題。

勞資關係一直以來就是每個國家的燙手山芋，處理得「好」，可以在政治支持度、政治選舉上大獲全勝；相反地，處理「不好」，除了讓政務官丟官，也可能讓政府垮台。所以在處理勞資問題上，政治人物往往無所不用其極的模糊他的身分，一會兒是勞工代表；下一刻又變身工商促進會的高級說客。到底政治人物對勞資的衝突，應該抱持什麼樣的態度與價值觀？

讓我們先來了解一下立場與利益的區別。

好比中國的地方戲曲一樣，大花臉的角色善意全寫在臉上，他不可能由一位惡人變成一位善人。立場也一樣，在各國的多黨政治中，每個黨派都有其明確不動搖的立場，如果英國工黨開始提高工時，減少富人稅，它就不再是工黨。一個政黨的立場不能改變嗎？當然可以改變，因改變而失敗的人，在歷史上稱為「叛徒」；成功者，則被稱為「改革者」。所以法國社會心理學家勒龐（Gustave Le Bon）在著作《烏合之眾》（*The Crowd:A Study of the Popular Mind*）中，一再強調群體的智能比不上個人的觀點。[18]

那利益又如何？利益其實一直呈現動態、變動的特性。許多的創新源於利益的分割與創造；但我們很少發現創新源於立場。

回到台灣的最低工資議題，如果把解決衝突的焦點放在調幅，強調三方的各自立場，就是把三方都當成立場明確、僵固的政黨在協商。換個角度看，如果國民黨把這個衝突的解決焦點放在三方的利益，促成三方代表的面質（Comefront）[19]，透過同理心的發展，制定共同的焦點，不失為一個比較好的選擇。不過，政治人物畢竟沒有辦法在不焦慮的前題下，選擇遺失他的立場。

---

18 古斯塔夫・勒龐（Gustave Le Bon）著，周婷譯，《烏合之眾》，臉譜出版社，二〇一一年三月。

19 面質（Comfrontation）與問題解決：以溫和、圓融的態度，與對方共同指認出壓力的來源，並以系統化解決的方法。一般面質的手法分成：一、察覺（Awareness）；二、決定進行面質；三、面質；四、找出衝突的原因；五、分析找出結果並決定行動；六、堅持完成。參考：D.H.Stamaits' "Conflict:You've Got to Accentuate the Positive" ,Personnel,December 1987,pp.48-49。

三、學會同理心：聽優於說

Sam是一家香港中小型貿易商的老闆，一直以外銷特殊節日的道具用品為其業務。有感於產品的大眾化（Commadity），使其利潤隨著產品特色的下降而降低。

為了增加差異化，Sam找上了設計公司CPT，透過雙方的簽約，決定為隔年的聖派崔克節（San. Patrick's）設計新的道具服飾。

在開發的樣品期間，Sam需要派人確認規格，並將樣品傳給通路商作為參考，再依據通路商焦點團體的意見進行成品規格的修改。就在樣品完成前兩週，CPT接到了Sam公司PM的指示，表示去年的5mm綠色珠子有過多的庫存，希望CPT能幫忙在樣品中加入這些珠子，而捨棄已經定案的8mm珠子。CPT的計劃管理師Dean基於客戶至上的觀念，同意變更修改，這在CPT內部引起了設計師、縫合部門的不滿，但因已經答應在先，Dean還是說服了大家盡力幫Sam的忙。麻煩的是，5mm的珠子造成了鈕扣孔過大而無法扣上的結果，在樣品送到了Sam的辦公室時，引起了Sam的大怒，因為他已經承諾三天後就要將樣品寄到美國給客戶了。CPT的業務Wendy緊急被Sam電召到了他的香港辦公室，Sam除了抱怨，還是一再質問他要如何把樣品送出去。雖然Wendy一再告訴Sam是你們的PM要求更換鈕扣，才會造成這個結果。不過，Sam可不吃這一套，他主張你們可以拒絕，但不應該答應後卻做不了。Wendy在回到CPT公司後找了相關人員開會，包括Dean，會中他表達了強烈的不滿，認為大家產出不能送樣的樣品，讓生意給搞砸了。結果大家仍然把責任推給了Sam的PM，並對Wendy的態度表達了不以為然的態度與立場。

在這個案中，我們面臨了兩個常被誤用的觀點，一是「同理」；另一個是「認同」。在實際的商場中，Dean與Wendy的情境是非常容易發生的，事實上，這個個案也是一個真實事件的改寫。我們可以理解一個人有不同的看法與主張，透過跟隨（Shadowing，如果允許的話）對他的情境的認知進行同理，（但是同理並不等同於認同與接受，我同理他人，是我尊重他人是一個平等的個體，與我沒有差別）。相同的，我們也希望別人尊重與同理我們，尤其在我們承受壓力、面對衝突的時候。重新審視Dean的問題，他可以在第一時間同理Sam公司的要求，因為有庫存要消化；但他不一定要認同到接受，他可以有更好的決策可能，譬如表達理解與同理庫存的壓力，但也請對方同理合約的精神，先讓樣品如期的產出，再進行下一階段的設計變更。而Wendy呢？他把訂單可能會失去的責任歸因給了大家，包括Dean。卻認同Sam的觀點，責備同事。Wendy是不是可以同理Sam的處境，也可以同理CPT

人員面臨的困難，雖然他並不認同。

對青春期員工來說，學會對同事、上司、企業，與客戶擁有同理的能力，是非常重要的。透過了解別人的情境，可以有效的達成雙方同意的成交結果。

Leo是一家工程公司的助理研究員，在任職的三年期間，Leo表現優異，公司決定將他升任副研究員。就在擢升的前夕，Leo突然向公司的主管Riley提出了口頭請辭。

Leo：「Riley，很抱歉我必須要向你坦白，雖然我知道你有意幫我升遷，不過我已經找到了新工作。」

Riley：「新工作？你要離職。」

Leo：「是！我知道你對我很好，我也一直把你當標竿學習。」

Riley：「那你為什麼想離職？」

Leo：「坦白講，我在公司待了三年，一開始還能努力學習，因為有許多我要學習的。不過現在我發現，我的工作已經很熟悉，對下一階段感覺不到有人可以學習。」

Riley：「Leo為了讓你能對公司有貢獻，並且也能讓你成長，我過去三年把你送去進修，一有機會就聘請顧問進來協助你。今天你好不容易熬出頭了，就拍拍屁股走人，這對我與公司都太不厚道吧！」

Leo：「可是我不趁著年輕多學一點，那要何時學？」

Riley：「你讓我感覺到好像我賺辛苦錢，供你唸大學，畢業後你卻不回饋。我真的很傷心。」

（Riley心想，難怪許多企業在對員工實施高成本訓練時，會要求與員工簽久任契約，他懊惱太相信Leo了。Leo則無法理解這三年來，我也努力為公司工作，為什麼我不能為我的成長作打算。）

顯然Leo與Riley都很難在短時間內採取同理心的行為，因為他們並還沒釐清出彼此的斡旋空間。唯有當斡旋空間出現後，同理心的行為才容易被接受。好比你很難尊重一個不尊重你又粗魯的陌生人一樣。

曾經有一個故事發生在紐約，在星期日清晨的地鐵是異常安靜的，只有早起活動的人能享受這一點小悠閒。但那一天有一對父子，父親放任小孩在地鐵上哭鬧與嬉戲，完全不加以制止，這對其他難得享受悠閒的乘客帶來了困擾，大家都對那個父親投以鄙視的眼神，希望他能知所應對的制止小孩的行為，但是他卻依然故我，不為所動。終於有人自告奮勇的出面告訴小孩的父親。他的父親才一臉驚醒的對大家道歉，他告訴大家說：「很抱歉！因為才在半個小時前，他的媽媽，也就是我的太太才在醫院過世。」

我並不知道這件事是真實還是虛構的，不過倒是給大家能否對同理心有啟發作用，在我們能體會當事人的情境後，其實斡旋空間就自然的出現，現在那個失去母親卻還不明瞭發生什麼事的小孩，在我們眼中似乎不再那麼吵雜，讓人反感了。

四、重組認知

每次我對著一群素昧平生的人演講時，只要提到認知的修正與重組，總是討論得非常激烈，我可以聽到形形色色、千奇百怪的個案與情境，與其說聽眾希望找到一個「解答」，不如說認知修正與重組在提供一種「解釋的可能性」。有趣的是，當我是企業負責人時，每幫我一提到認知重組時，將會是課程與會議最安靜的時候，我事後分析，很可能是因為人人都怕被老闆看穿自己的脆弱與盲點；再者也可能覺得我只是企業的代言人，像外星人正在對他們進行外星人洗腦的動作。其實這兩種極端的反應都需要認知重組，前者的認知可能是：

「喔！我老闆與我談事情總要把穿著破洞襪子的腳翹在我面前，是我有問題？還是他有問題？我倒要聽聽專家怎麼說？」

而後者的認知可能是：

「唉！要求就要求，不要指望我會那麼輕易被你催眠。」

在前面，我們學習到不良的自動化思考帶來的破壞力，應付之道在找出你思考不合邏輯的謬誤。在這裡，事情則再往前進一步，我們要談一談，自動化思考的啟動，如果帶給我們的是更多的負面情緒，與進一步的負面推理，我們會因為認知的機制讓我們易於採取防衛與攻擊的態度和行為，對進一步消除衝突是更不利的。

重組認知的重點在於能抱著開放的心胸去接受外在事件的合理性與可能性，最重要的是，能否得到正向的行為與情緒。我們可以來看一個例子。

Nick是一位中年失業的求職者，雖然他有耀眼的學歷與輝煌的客戶管理經驗，但在找尋業務主管的求職過程中，他並不順利。就如他的客戶管理經驗，他把應徵的公司分成了兩個等級，姑且稱它們為一線與二線。Nick依照了他可以提供的貢獻度、經驗、學歷、語言、產業經驗，與公司規模，將他們以六大面向來分類。前者是公司規模大、產業接近，並且能快速幫公司帶來利益的對象，後者則是規模小、產業不同，帶來利益會比較久的對象。不幸的是，在他完成了全部一線企業的面試後，結果石沉大海，他沒有收到錄取通知。這讓他很沮喪，接著開始進行二線企業的求職過程，不過他一直無法理解出了什麼問題。有一次在一家二線企業的面談中，主考官告訴他，以Nick的學經歷應該可以去更大規模的企業服務，為何要來規模較小的企業求職，是不是有原因。這個問題，把Nick問倒了，他無法回答主考官他都被拒絕了，這樣不就表示他的能力有問題；但他又不願意說謊。所以他告訴了主考官，那我能有機會幫你們成長成規模更大的企業嗎？於是他得到了那份工作。

Nick的問題在他的本來認知，他認為依據那六大面向，可以突顯他的優勢與積極的態度，這本來是值得讚許的，不過他忘了這些一線企業裡，可能已經有太多類似的人才，或者他們並不認為Nick提出的貢獻度有任何吸引力，更可能的是年紀，Nick既然沒給他們太大的誘因，又很可能在幾年後面臨退休的問題，所以他們寧願再尋找更適合的人。因為不正確或不妥當的認知（他認為學經歷加上貢獻度已經是企業要的最佳人才）導致他後來的沮喪情緒，在重組了原有的認知後，他把六大因素加入了一個企業的意圖（Intention），並且願意與企業共同追求一個相同的目標，因此他找到了工作並且帶來了正向的情緒與行為。

其實，如果Nick一開始設定他的求職認知為開放式的觀念，去問求職的企業我能幫你們什麼嗎？這種開放、尊重、的正向認知，會讓他的求職過程像一場顧問服務的歷程，他不會因被拒絕而對自己的學經歷產生負向思考，也讓自己更有機會聽到企業的聲音。

沒有代償的角色

在近年的就業人口趨勢，我們可以觀察到兩種最盛行的對立觀念。不是在我們的E-mail中一再流竄；就在書店中看到闡揚這兩個觀念的書永遠都在暢銷書排行榜上。這兩種觀念大相逕庭，一類強調「不要為了工作忘了人生其他的事」、「懂得生活比懂得工作重要」、「生命很短，要及時善待自己」、「不工作也能賺錢」、「別讓工作影響你的健康」；另一類是「工作的女人最美」、「如何改善工作績效」、「如何在三十歲當上老闆」、「如何成為職場紅人」、「我如何成為超級業務員」。

我習慣把它們稱為工作罪惡類與工作人生類。雖然第一類的書或觀念未必百分百不認同工作的價值，不過探討如何照顧好、安排好其他的事更能引起讀者的興趣。而後者也不徨多讓，它們很少，甚至不談人還有許多事要照顧，到底全力衝刺的工作適不適合每一個人，只強調一些黃金守則，讓你人生的只有工作。

其實任何事都是過猶不及，畢竟除了睡覺，我們大部分的人生有三分之一在工作，而有三分之一不在工作。但我不會說我們大部分的人生有三分之一在工作，而有三分之一在生活。也絕不會說我們大部分的人生有三分之一在追求生命，而有三分之一在生活。原因只有一個，在有限的資源（時間、體力、智力）下，任何的分配都會有衝突，而你的任何選擇都會決定了不同的結果，沒有任何代償的可能。

在本書內，我們舉了數十個個案，這些個案大多都有一個通則，就是我們始終忘記傾聽自己真實的聲音。我們談到為女友與工作衝突所苦的Joe，談到為客戶與老闆所苦的PM Eugene，談到為公司與家庭所苦的Heather，他們不曾傾聽自己，在壓力、衝突來襲時，他們慌亂，沒有頭緒，任憑不合理的自動化思考引導他們，因此產生了失調、啟動了防衛機制。

認識自己是一門功課，必須要夠獨立、夠勇敢去傾聽與探索。道德論心理學家柯伯格（Kohlberg）在談到人的道德發展時，將它分成三時期六階段。[20]三階段分別是道德成規前期（零到十二歲）、道德成規期（十二到二十歲）、道德成規後期（二十歲以上）。在道德成規期（十二到二十歲）的第一階段，也就在人類青春期階段，又被稱為好小孩（Good boy or good girl）階段，在這個階段的個人道德規範建立在他人對我們的態度、看法，如果我們做某件事，沒有被他人制止，我們就會認為這不是什麼壞事；而如果我們做另一件事，被他人讚美與肯定，我們會更確認自己無誤，而有利於其他人。

如果讓我們看到個案的Joe、Eugene與Heather，似乎他們任由自己的自動化思考退化到好孩子的發展階段，想以取悅他人來找到自我，這不該是在職場上工作的個人應當發展的認知與行為。他們應該能自律並追求社會道德。還無法在職場中找出

[20] Kohlberg的道德發展三時期六階段論：一、道德成規前期：（0—12），階段一、避罰服從取向：害怕被懲罰，轉而無條件服從權威，認為不被懲罰的行為都是好的；而遭到懲罰的行為都是壞的。階段二、相對功利取向：行為對錯視行為後果而定，道德可以是一種利益交換，希望得到利益就是好的。二、道德循規期：（12—20），階段一、尋求認可取向：以人際關係和諧導向，順從傳統要求，表現從眾行為。階段二、順從權威取向：以法治觀念判斷是非，信守法律權威，重視社會秩序。三、道德自律期：（20—），階段一、法治觀念取向：表現思考的靈活性，不用單一的規則去評價個體行為，法律為公益而制定，行為對錯視雙方契約或大眾的共同認可而定。階段二、普遍倫理取向：個人根據他人的人生觀和價值觀，以建立道德判斷、一致和普遍性的信念，信念的基礎是人性尊嚴、真理、正義和人權。

自我的現象，讓我們在面對衝突時，更容易陷入狹隘的認知：「我必須要扮演good boy或是good girl」的壓力之中，而忽略了自己的真實需求。

就如同我們在每個個案所做的分析，Joe、Eugene與Heather處理衝突的策略選擇，應該是要把自己的意識（Conciousness）列入一個重要的考慮因素。所謂自己的意識，不只包含你的情緒與認知，它應該包含能「看見」自己情緒、能「分析」自己認知、能「分辨」何者重要，與能「坦然」決定行為並為其負責的心智狀態。**「有意識的行為並不一定都是最佳、最正確的選擇，不過那是一個你當下盡最大心智能力的選擇」**，旁人都會給你尊重，即使事件的發展後來不盡人意，你也能清楚坦然的看著它發展並能接受它。

Joe應該可以有意識的思考的幾種可能：

「我很喜歡我的工作，我很想在本周繼續把研究做完，我必須與我女友溝通，找尋可行的替代方案。」

「我工作也很累了，我應該可以陪我的女友去逛街，順便放鬆心情。」

「我女友是真的不喜歡我的工作嗎？還是她不喜歡我的工作態度，像是時間的分配？還是她只是在反應我不夠重視她？」

Heather可以這樣有意識的思考：

「我應該跟老闆說實話，我並不喜歡這樣工作，我不想失信於我的小孩。」

「我真的想加入這個五人的產品發展團隊嗎？」

「這個新工作讓我很充實也很有挑戰性，對於家人我必須要與我先生好好談一談，有沒有可能請褓姆。」

「這場歌劇魅影對我人生有一個特別的意義，我必須事先把資料準備好，好讓會議可以準時結束。」

「我可以和其他四個人談談，我們是不是都不喜歡假日加班，如果是肯定的，我們應該也可以利用會議結束前，談一談以後我們合作的方式。」

Eugene與其懊惱當初答應客戶，以致於搞砸訂單，他還可以這樣有意識的思考：

「我當時做了一個不佳的決策，現在我能做點什麼補救？」

「我能理解為何Sam與Wendy這麼不高興了，不過我並不是為了讓他們高興才做那個決定。我是以滿足客戶需求為出發點，所以現在要如何滿足客戶新需求呢？」

找回自己的聲音

在一九八九年六月二十七日，一個剛從學校畢業的小男生加入了當時台灣的研發重鎮，有趣的是在隔天他就覺得他的工作不是他當初設想的那樣，他便遞了辭呈。

在一九九三年六月，一位在科技公司服務的中階主管拒絕參加主管會議，他主觀的認為主管歧視他，因為他的主管將赴日受訓的機會給了別人。

在一九九六年八月，有一位工程師加入一家新創事業的科技公司，該公司的最高研發主管不願意給他太好的認股權證，只因他的個性太活潑，看起來不穩定。

在二〇〇〇年六月，一位工程主管因不願面臨企業將其團隊出售的決策，帶領其團隊投效另一家科技公司。

在二〇〇三年十一月，一位擁有團隊的主管，決心出來創業，因為他需要給他的同仁更大的舞台與更好的機會。

以上描述的都是發生在同一個人的不同階段，而這個人，你們也應該猜得到就是作者。我的職業生涯一直不被許多組織與主管認同，包括穩定度、忠誠度、可控性等等。但我轉換工作的次數卻很少，因為這些負面事件並沒有減損我對工作的熱情、對企業的責任，與對客戶的承諾。寫這本書，猶如回顧自己的職場人生，我曾經迷惘、曾經憤怒、也曾經意氣風發，但我感謝一路上給我機會、給我挫折的任何人。叛逆是許多人私下對我的形容，不過只要有一顆熾熱的心，你會比我更成功、更耀眼。最重要的是，我始終相信——你可以。

在我的耳邊又輕輕響起舞者碧娜鮑許的所說的：

「舞吧，舞吧，不然我們就迷失了！」（Dance, dance, otherwise we are lost.）

【Continued】

Bryan提出辭呈，他的老闆Eric詢問他的離職原因，因為Bryan從學生時期就一直有一個遊學的夢想，因此在Eric的公司任職了一年後，存夠了錢，他決定離開公司，雖然Eric希望他再幫一陣子，但Bryan一臉激動的對著Eric說：「Eric，你知道嗎？人生除了工作還有很多其他值得追求。」

Eric不急不徐的說：「Bryan，你知道嗎，人生除了很多其他，還有工作值得追求。」

BOSS館07　PI0024

老闆，別說我叛逆
——職場青春期指南

作　　者／班傑明・萊恩
責任編輯／林泰宏
圖文排版／陳姿廷
封面設計／王嵩賀

發 行 人／宋政坤
法律顧問／毛國樑　律師
出版發行／秀威資訊科技股份有限公司
114台北市內湖區瑞光路76巷65號1樓
電話：+886-2-2796-3638　傳真：+886-2-2796-1377
http://www.showwe.com.tw
劃撥帳號／19563868　戶名：秀威資訊科技股份有限公司
讀者服務信箱：service@showwe.com.tw
展售門市／國家書店（松江門市）
104台北市中山區松江路209號1樓
電話：+886-2-2518-0207　傳真：+886-2-2518-0778
網路訂購／秀威網路書店：http://www.bodbooks.com.tw
國家網路書店：http://www.govbooks.com.tw

2013年1月BOD一版
定價：350元

國家圖書館出版品預行編目

老闆,別說我叛逆 : 職場青春期指南 / 班傑明.萊恩著. --
-- 一版. -- 臺北市 : 秀威資訊科技, 2013.01
面 ;　　公分. -- (BOSS館 ; PI0024)
BOD版
ISBN 978-986-326-033-2(平裝)

1. 職場成功法 2. 生活指導

494.35　　101023678

讀者回函卡

感謝您購買本書，為提升服務品質，請填妥以下資料，將讀者回函卡直接寄回或傳真本公司，收到您的寶貴意見後，我們會收藏記錄及檢討，謝謝！如您需要了解本公司最新出版書目、購書優惠或企劃活動，歡迎您上網查詢或下載相關資料：http:// www.showwe.com.tw

您購買的書名：______________________________

出生日期：________年________月________日

學歷：□高中（含）以下　□大專　□研究所（含）以上

職業：□製造業　□金融業　□資訊業　□軍警　□傳播業　□自由業

□服務業　□公務員　□教職　□學生　□家管　□其它_____

購書地點：□網路書店　□實體書店　□書展　□郵購　□贈閱　□其他

您從何得知本書的消息？

□網路書店　□實體書店　□網路搜尋　□電子報　□書訊　□雜誌

□傳播媒體　□親友推薦　□網站推薦　□部落格　□其他__________

您對本書的評價：（請填代號　1.非常滿意　2.滿意　3.尚可　4.再改進）

封面設計____　版面編排____　內容____　文／譯筆____　價格____

讀完書後您覺得：

□很有收穫　□有收穫　□收穫不多　□沒收穫

對我們的建議：______________________________

____

____

____

請貼
郵票

11466
台北市內湖區瑞光路 76 巷 65 號 1 樓
秀威資訊科技股份有限公司 收
BOD 數位出版事業部

（請沿線對折寄回，謝謝！）

姓　　名：＿＿＿＿＿＿＿＿　年齡：＿＿＿＿　性別：□女　□男

郵遞區號：□□□□□

地　　址：＿＿＿＿＿＿＿＿＿＿＿＿＿＿＿＿＿＿＿＿

聯絡電話：(日)＿＿＿＿＿＿＿＿＿＿(夜)＿＿＿＿＿＿＿＿＿＿

E-mail：＿＿＿＿＿＿＿＿＿＿＿＿＿＿＿＿＿＿＿＿